高等职业教育生态林业专业群特色教材

园林规划设计

鄂晓丹 | 主　编

李淑芹　于　娜　姚　川
戴　森　王　楠 | 副主编

宋雪丽 | 主　审

中国轻工业出版社

图书在版编目（CIP）数据

园林规划设计 / 鄂晓丹主编. -- 北京：中国轻工业出版社, 2025.9. -- ISBN 978-7-5184-5505-8

Ⅰ. TU986

中国国家版本馆CIP数据核字第2025R50H02号

责任编辑：赵雅慧　　　责任终审：李建华　　　设计制作：梧桐影
策划编辑：陈　萍　赵雅慧　责任校对：朱　慧　朱燕春　责任监印：张京华

出版发行：中国轻工业出版社（北京鲁谷东街5号，邮编：100040）
印　　刷：鸿博昊天科技有限公司
经　　销：各地新华书店
版　　次：2025年9月第1版第1次印刷
开　　本：787×1092　1/16　印张：11.25
字　　数：260千字
书　　号：ISBN 978-7-5184-5505-8　定价：68.00元
邮购电话：010-85119873
发行电话：010-85119832　　010-85119912
网　　址：http://www.chlip.com.cn
Email：club@chlip.com.cn
版权所有　侵权必究
如发现图书残缺请与我社邮购联系调换
242273J2X101ZBW

本书编写人员

主　编　鄂晓丹（黑龙江林业职业技术学院）

副主编　李淑芹（黑龙江林业职业技术学院）
　　　　于　娜（黑龙江林业职业技术学院）
　　　　姚　川（黑龙江林业职业技术学院）
　　　　戴　森（黑龙江省东润园林艺术有限责任公司）
　　　　王　楠（黑龙江林业职业技术学院）

参　编　唐燕玲（广西生态工程职业技术学院）
　　　　郭　晶（四川省资阳市雁江区职业技术学校）
　　　　刘　林（牡丹江市农旅投资服务有限责任公司）
　　　　常　丽（牡丹江市北山公园）
　　　　滕　云（黑龙江林业职业技术学院）

主　审　宋雪丽（黑龙江林业职业技术学院）

前　言

园林艺术，作为人类与自然和谐共生的重要载体，承载着丰富的历史文化底蕴和生态智慧。随着时代的进步和人们审美观念的提升，园林规划设计的理念和手法也在不断创新和发展。为了满足新时代园林教育的需求，我们精心策划并编写了《园林规划设计》教材。

本教材从园林设计岗位的实际需求出发，将园林规划设计的理论知识与实践技能有机结合，并在各个环节中融入思政教育元素，旨在通过灵活多样的教学方式，激发学生的学习兴趣，培养他们的创新思维和实践能力。本教材分为五个项目，主要内容包括：城市道路绿地设计、广场绿地设计、滨水绿地设计、居住区绿地设计和公园绿地设计，既有深入浅出的理论阐述，又有丰富的实例分析和实践操作指导，确保理论与实践紧密结合。

我们希望本教材能够成为园林专业学生和从业者的良师益友，不仅能够为他们提供系统的知识体系，还能够引导他们在实际工作中运用所学知识，创造出更多具有艺术魅力和生态价值的园林作品。同时，我们也期待这本教材能够推动园林教育的改革与创新，为园林事业的繁荣发展贡献力量。

本教材由黑龙江林业职业技术学院鄂晓丹担任主编；黑龙江林业职业技术学院李淑芹、于娜、姚川，黑龙江省东润园林艺术有限责任公司戴森，黑龙江林业职业技术学院王楠担任副主编；广西生态工程职业技术学院唐燕玲，四川省资阳市雁江区职业技术学校郭晶，牡丹江市农旅投资服务有限责任公司刘林，牡丹江市北山公园常丽，黑龙江林业职业技术学院滕云参编。全书由黑龙江林业职业技术学院宋雪丽主审。编写分工如下：项目一、项目四由鄂晓丹编写；项目二由鄂晓丹、王楠、姚川、戴森、滕云编写；项目三由李淑芹、郭晶、刘林编写；项目五由于娜、唐燕玲、常丽编写。

本教材的编写得到了黑龙江林业职业技术学院周鑫教授的指点与帮助，以及黑龙江省东润园林艺术有限责任公司的支持，在此表示衷心的感谢。由于编者水平有限，书中疏漏之处在所难免，敬请广大读者批评指正。

编者
2025年3月

目　录

项目一　城市道路绿地设计

任务一	城市道路绿地现状调研	2
任务二	城市道路绿地方案初步设计	5
任务三	城市道路绿地方案详细设计	8
任务四	编制设计说明书	24

项目二　广场绿地设计

任务一	广场绿地现状调研	30
任务二	广场绿地方案初步设计	35
任务三	广场绿地方案详细设计	42
任务四	编制设计说明书	71

项目三　滨水绿地设计

任务一	滨水绿地现状调研	76
任务二	滨水绿地方案初步设计	80
任务三	滨水绿地方案详细设计	83
任务四	编制设计说明书	100

项目四　居住区绿地设计

任务一　居住区绿地现状调研	105
任务二　居住区绿地方案初步设计	108
任务三　居住区绿地方案详细设计	118
任务四　编制设计说明书	134

项目五　公园绿地设计

任务一　公园绿地现状调研	140
任务二　公园绿地方案初步设计	148
任务三　公园绿地方案详细设计	161
任务四　编制设计说明书	169

参考文献　　　　173

项目一　城市道路绿地设计

● **知识目标**

（1）能够进行现场外业调查，对现场情况进行分析以及资料整理。

（2）能够掌握城市道路绿地的类型。

（3）能够掌握各类城市道路绿地的设计要点。

（4）能够进行城市道路绿地设计。

（5）能够编制设计说明书。

（6）能对设计成果进行汇报。

● **技能目标**

（1）能够进行城市道路绿地现场勘察。

（2）能够进行城市道路路况及基地现状的分析和测绘。

（3）能够结合当地的城市特色和人文特色确定城市道路绿地设计的主题和思路。

（4）能够遵循城市道路绿地设计规范进行城市道路绿地方案设计。

（5）能够绘制道路节点、岛头与标段设计图。

● **素养目标**

（1）培养资料搜集、分析与评价的能力。

（2）培养按照制图规范及标准制图的能力。

（3）能够遵守国家和地方城市道路绿地设计相关规范。

（4）培养创意构思、图纸表达的能力。

（5）培养团队合作意识。

（6）培养表述与合理答辩的能力。

（7）逐步加强安全、环保意识。

任务一　城市道路绿地现状调研

职业能力　路况资料记录与分析

对城市道路绿地进行调研时，应深入细致地搜集路况资料，并对其进行详尽分析。路况资料主要包括道路类型（主干道、次干道、支路等）、道路宽度、车流量、车速、交通事故记录、路面状况（破损、坑洼、平整度等）、排水系统效能以及交通标志和标线的完整性等多个维度。通过实地观测、交通流量监测、历史数据比对等方式获取丰富而准确的数据。

● 相关知识

进行设计前，必须先对园址现状、环境条件、设计条件以及建设单位进行踏查、勘测或了解，取得有关资料，然后进行分析研究，整理有价值的内容，以便利用。调查研究主要包括以下内容。

一、园址现状调查

园址现状调查内容如下：

①气象条件。包括年最高、最低温度，年最高、最低湿度，年降雨量，年季风风向，最大风力和风玫瑰图，无霜期，冰冻期，冻土厚度，特别小气候等。

②地形条件。包括地形起伏变化状况、走向、坡度、裸露岩层分布情况等。

③土壤条件。包括土壤种类及其分布以及理化性质、土层厚度、地下水位、自然安息角等。

④水系条件。包括水系种类及其分布以及水文特点（流速、流量、流向、水深、洪水位、常水位、枯水位等）、水质状况、水利设施情况等。

⑤植被情况。包括现有植被的种类、数量、高度、生长势、群落构成以及古树名木分布情况和观赏价值的评定等。

⑥建（构）筑物。包括建（构）筑物的位置、高度、门窗位置（朝向、高度）、用途、材料、结构、色彩、风格式样、个性特色等。

⑦管线设施。包括水管、煤气管、电缆、电力线以及电信线等的位置、地上高度、地下深度、走向等。

⑧历史人文资料。包括涉及建设绿地的历史故事、传说、名胜古迹、风俗习惯等。

二、环境条件调查

环境条件调查内容如下：

①四周环境景观特点。调查四周有无可被利用的风景名胜，以开辟透景线，作为借景。

②四周环境发展规划。如建筑规模、形式、高度，社会、经济开发规划等。

③四周环境质量状况。包括大气、水体、噪声等。如绿地周围是否有工矿企业，是否有污染以及污染方向、污染程度等。

④四周环境设施情况。如交通、通信、供水、供电、文化娱乐活动设施等状况，以便确定服务半径和设施的内容。

三、设计条件调查

1. 园址现状图（地形图或总平面图）

根据面积大小，提供或测绘1∶2000、1∶1000或1∶500的园址范围内地形图或总平面图。图纸应标明以下内容：

①设计范围（红线范围、坐标数字）。

②园址范围内的地形、标高及现状物（现有建筑物、构筑物、山体、水系、植物、道路、水井及水系的进出口以及电源等）的位置。现状物中，应分别注明要求保留利用、改造和拆迁等情况。

③四周环境情况。包括与市政交通联系的主要道路名称、宽度、标高点数字、走向以及排水方向，周围机关、单位、居住区的名称、范围以及今后的发展状况。

2. 局部放大图

局部放大图比例为1∶200，主要为局部景区或景点详细设计用图。

3. 现状树木位置图

现状树木位置图比例为1∶200或1∶500，主要标明要保留树木的位置，并注明品种、规格、生长状况及观赏价值等。有较高观赏价值的树木最好附彩色照片。

4. 地下管线图

地下管线图比例为1∶200或1∶500，一般要求与施工图比例相同。图内应标明要保留的上水、雨水、污水、化粪池、电信、电力、暖气沟、煤气、热力等管线位置及井位等。除平面图外，还应有剖面图，并须注明管径大小、管底或管顶标高、压力、坡度等。

5. 主要建筑物的平、立面图

主要建筑物是指要保留利用的建筑物。平面图应注明室内、室外标高；立面图应注明建筑物尺寸、颜色等。

若甲方（建设单位）能够提供上述设计用图，乙方（设计者）则须到现场踏查，并对甲方提供的图纸资料与现状进行核对或补充。同时，乙方还可根据现场周围环境条件进行设计构思。若甲方无法提供上述图纸，则应重新测绘，相关费用通常由甲方承担。

四、建设单位调查

完成园址现状及其环境条件的分类调查，并确保设计用图准备就绪后，设计者应详细了解建设单位的要求和期望，确保设计方案能够合理反映建设单位的期望和需求。调查可通过与建设单位领导及员工座谈、讨论或书面征询意见等方式进行。同时，还应了解建设单位的性质和历史情况及其养护管理能力、技术力量和施工机械状况等。

● **教学案例**

绿道规划设计导则

2017年7月代县县城绿地系统规划

● **活动设计**

设计场所：黑龙江省牡丹江市西地明街，共分四个路段（兴平路、康安路、民安路、新华路），每个路段包含两个道路节点。

所需工具：测量工具、速写本、笔、相机或手机。

活动实施：填写城市道路绿地现场勘察、调查表，如表1-1所示。

表1-1　　　　　　　　城市道路绿地现场勘察、调查表

序号	勘察、调查对象		详情记录	备注
1	自然条件	气象条件		
		地形条件		
		土壤条件		
		水系条件		
2	社会条件	交通		
		现有设施		
		工农业生产情况		
		城市历史、人文资源		

续表

序号	勘察、调查对象		详情记录	备注
3	设计条件	现场树木情况		
		现场的建筑		
		可利用、可借景的景物		
		不利或影响的物体		

任务二　城市道路绿地方案初步设计

职业能力1　相关案例搜集与整理

进行方案设计前,应对相关道路绿地设计优秀案例进行搜集与整理,并对其进行剖析,从而拓宽设计思路。

● 相关知识

一、优秀案例的搜集方法

优秀案例的搜集方法如下:
①实地调研各类型道路绿地。
②通过网络搜集各类型道路绿地资料。
③查阅相关书籍、杂志等资料。
④从园林公司或规划设计院获取相关设计案例。
⑤通过设计公司公众号获取相关设计案例。

二、网络搜索案例的技巧

网络搜索案例的技巧如下:
①选择准确关键词。
②通过查看网页标题、内容、图片等信息进行案例筛选。
③搜索案例集锦。

活动设计

设计场所：专业教室或图书馆。

所需工具：铅笔、速写本、相机或手机。

活动实施：完成"相关案例搜集与整理"活动实施表中的内容，如表1-2所示。

表1-2 "相关案例搜集与整理"活动实施表

序号	步骤	操作及说明
1	案例搜集	通过不同途径搜集道路绿地设计优秀案例
2	案例剖析	小组讨论，进行案例剖析，找出可供借鉴的部分

职业能力2　城市道路绿地设计方案构思

通过前期现场勘察，完成现场勘察、调查表。对设计场地的现状进行分析，对优秀道路绿地设计案例进行研讨剖析，结合当地的城市特点及人文特色，确定道路绿地设计的主题及思路。

相关知识

一、立意构思的概念

立意是指园林景观设计的总意图（设计思想的确定），就是设计者综合考虑功能需要、艺术要求、环境条件等因素后产生的总的设计意图，也就是对设计的根据、设计的出发点进行设想的一个过程。

构，指构想、设想框架和结构的安排，且指整体。思，是以抽象思维为主导，包括形象思维、潜意识思维和灵感思维等心理活动。

二、方案构思的概念

方案构思是指设计师在前期基地现状分析及优秀案例剖析的基础上，从地理、文化、气候、历史等方面提炼设计的主题思想，并选择草图、模型、语言、文字等最佳表现方式，以指导设计实践的思维过程。同时，方案构思也是园林设计师设计前的一种心理活动，它常常通过构思上的突破得出截然不同的想法，将主题与表现形式进行巧妙组合。

方案构思包括多种方法，如草图法、模仿法、联想法及奇特性构思法。

1. 草图法

运用草图法进行方案构思，能够捕捉灵感、自由发挥、不受约束。设计师能够明确表达自己的想法，并能随意进行修改。

2. 模仿法

模仿法的核心在于通过他人的想法、构思来激发自己的灵感。在仿生学领域，模仿法得到了广泛应用。例如，模仿鹰眼的成像原理制造出的微型照相机、摄像机自动调焦的摄像头等，模仿飞鸟的翅膀结构原理制造出的飞机机翼等。此外，人造卫星的拍摄系统也是模仿法的成功案例。

3. 联想法

运用联想法进行方案构思要求设计师具备丰富的实践经验、较广的见识、较好的知识基础及较丰富的想象力。

4. 奇特性构思法

运用奇特性构思法形成的方案一般具有原创性。这些构思在历史上很少发生，或从来没有发生过，甚至有些构思在当前的科学、技术、经济条件下无法实现。

设计方案的提出与选定，必须以整个项目的投资效益为基础，力求以最少的劳动耗费和最短的建设工期实现既定的投资目标。设计方案的各个环节，要在实现投资目标的前提下，互相协调、互相衔接。

一个拟建项目可采用的设计方案可以多种多样。因此，在可行性研究中，应视具体情况进行多方案比较。多方案比较可以就整个设计方案，也可以就设计方案的某一环节或某方面的内容而定。由于每个设计方案的技术经济特征不同，因而在进行方案比较时，应主要比较相同需求下不同方案的经济效果。在方案比较中，消耗量的计算必须采用统一的计算原则和方法。同时，还应考虑时间因素的可比条件。

● **活动设计**

设计场所：专业教室或图书馆。

所需工具：铅笔、速写本、相机或手机。

活动实施：完成"城市道路绿地设计方案构思"活动实施表中的内容，如表1-3所示。

表1-3 "城市道路绿地设计方案构思"活动实施表

序号	步骤	操作及说明
1	提炼设计主题	从地理、文化、气候、历史等方面提炼道路绿地设计的主题思想
2	呈现设计主题	使用草图、模型、语言、文字等表现方式呈现道路绿地设计主题

任务三　城市道路绿地方案详细设计

职业能力1　标段平面图设计

建设工程标段是指将整体工程按实施阶段（勘察、设计、施工等）和工程范围分割成工程段落，并将这些段落单独或组合起来进行招标的招标客体。

标段平面图设计是指根据工程项目的标段划分，对每个标段的平面布置进行设计，包括各种建筑物、构筑物、设备、道路、管线等的平面位置、尺寸和相对关系的布置。

道路绿地标段设计是指根据绿化分隔带的特点和前期整体构思情况，在底图中选取有代表性的道路段绘制线稿，表达道路标准段地形、植物等平面位置和景观设计等情况。

● 相关知识

一、人行道绿带设计

从车行道边缘至建筑红线之间的绿化地段统称为人行道绿带。它是道路绿化中的重要组成部分，且通常占据很大的比例。

车辆在车行道上行驶时，为了保证车中人的视线不被绿带遮挡，能够看到人行道上的行人和建筑，在人行道绿带上种植树木必须保持一定的株距。一般来说，为了防止人行道上绿带对视线的影响，其株距不应小于树冠直径的2倍。

人行道绿带上种植乔木和灌木的行数由绿带宽度决定。在地上、地下管线影响不大时，宽度在2.5～6m的绿带，可种植一行乔木和一行灌木；宽度在6～10m时，可考虑种植两行乔木，或将大、小乔木和灌木以复层方式种植；宽度大于10m时，其株行数可多些，树种也可多样，甚至可以布置成花园林荫路，如图1－1所示。

（a）

（b）

(c) (d)

图1-1 花园林荫路

人行道绿带的设计可分为规则式、自然式以及规则与自然结合式。在选择适合地形条件的设计形式时,应以乔木和灌木的搭配、前后层次的处理以及单株与丛植交替种植的变化为基本原则。近年来,国外人行道绿带设计多采用自然式布置手法,通过种植乔木、灌木、花卉和草坪,营造出自然、活泼而新颖的外观。为了兼顾道路绿化的整齐统一与自由活泼,人行道绿带的设计以规则与自然结合式最为理想,如图1-2所示。

(a) (b)

图1-2 规则与自然结合式

二、分车绿带设计

在分车带上进行绿化,称为分车绿带,也称为隔离绿带。在车行道上设立分车绿带的目的是将人流与车流分开,将机动车与非机动车分开,并保证不同速度车辆的安全行驶。

分车绿带的宽度依车行道的性质和街道总宽度而定。高速公路分车绿带的宽度可达5~20m,一般也要4~5m,最低不能小于1.5m。

分车绿带以种植草皮为主,特别是在高速干道上,分车绿带应避免种植乔木,以防树影、落叶等干扰司机视线,确保行车安全。一般干道的分车绿带上可以种植70cm以下的绿篱、灌木、花卉、草皮等。我国许多城市常在分车绿带上种植乔木,主要是因为我国大部分地区夏季比较炎热,出于遮阴的考虑;另外,目前我国车辆行驶速度并非过快,树木对司机的视线影响不大。然而,严格来讲,这种做法并不合适。随着交通事业的不断发展,分车绿带的设计将逐步实现正规化。

分车绿带的种植分为封闭式种植和开敞式种植两种。

1. 封闭式种植

封闭式种植如图1-3所示,形成以植物封闭道路的境界。在分车绿带上种植单行或双行丛生灌木或慢生常绿树,当株距小于5倍冠幅时,可起到绿色隔墙的作用。在较宽的隔离带上,种植高低不同的乔木、灌木和绿篱,可形成多种树冠搭配的绿色隔离带,其层次和韵律较为丰富。

图1-3 封闭式种植

2. 开敞式种植

开敞式种植如图1-4所示,在分车绿带上种植草皮、低矮灌木或较大株行距的大乔木,以达到开朗、通透的境界。采取这种方式时,大乔木的树干应该裸露。

无论采取哪一种方式,其目的都是合理地处理好建筑、交通和绿化之间的关系,使街景统一而富有变化。在一条较长的道路上,根据不同地段的特点,可以交替使用封闭式与开敞式种植方式,从而既能照顾到各个地段上的特点,又能产生对比效果。

图1-4 开敞式种植

此外,为了便于行人过街,分车绿带应进行适当分段,如图1-5所示。一般以每段75~100m为宜。同时,应尽可能与人行横道、停车站、大型商店和人流集散比较集中的公共建筑出入口相结合。

图1-5 分车绿带分段

三、路侧绿带设计

路侧绿带是指城市道路两侧的绿带,通常由树木、草坪、花盆等组成,旨在美化城市环境、净化空气、调节气温、增加城市生态功能等。该区域也是城市生态系统的重要组成部分,能够提供生态服务,如提供栖息地及食物、减轻水灾等。同时,路侧绿带也是行人和自行车等非机动车辆出行的重要通道,提供了安全、舒适的出行环境,促进了城市低碳出行。

路侧绿带应该根据相邻用地性质以及防护和景观要求进行设计,并应保持路段内连续与完整的景观效果。

路侧绿带宽度大于8m时,可设计成开放式绿地。在开放式绿地中,绿化用地面积不得小于该绿带总面积的70%。路侧绿带与毗邻的其他绿地一起辟为街旁游园时,其设计应符合《公园设计规范》(GB 51192—2016)的规定。

四、行道树种植方式

行道树种植方式有多种,常用的有树池式、树带式两种。

1. 树池式

树池相当于城市绿化树木的保护区,尤其在人车密集的道路和广场上。树池不仅可以保护城市绿化树木根部免受践踏,还可以防止主根附近的土壤被压实。方形和长方形树池因其易于和道路及其两侧建筑物取得协调,故应用较多;圆形树池常用于道路圆弧转弯处。为了达到更好的景观效果,人们还创造了多种形式的树池,如三角形、花瓣形、月亮形等。如图1-6所示,树池式种植不仅具有良好的景观效果,还具有休息、照明等实用功能。

行道树的种植位置应位于树池的几何中心,这对于圆形树池尤为重要。方形或长方形树池虽然允许偏于一侧,但必须符合技术规定,确保从树干到靠近车行道一侧的树池边缘不小于0.5m,距车行道缘石不小于1m。

(a)

(b)

(c)　　　　　　　　　　　　　　(d)

图1-6　树池式种植

为了防止行人踩踏池土，影响水分渗透和土壤空气流通，可以把树池周边设计成高出人行道6~10m。然而，这一设计可能影响雨水流入池内，因此在不能保证按时浇水或缺雨地区，常将树池设计成和人行道相平，且池土稍低于路面，既能便于雨水流入，又能避免池土流出污染路面。若能在树池上铺设透空的保护池盖，则更为理想，如北京天安门广场一带的做法。

池盖一般由金属或水泥预制板制成，经久耐用，式样美观。为了便于清除池内杂草、屑物和翻松土壤时拿取方便，池盖常由两扇或三扇合成，并放在搁架上。这样既有利于保护池土不被池盖压实，又可避免土壤受热灼炙树木根系。如图1-7所示，树池池盖作为人行道路面铺装材料的一部分，可以增加人行道的有效宽度，减少裸露土壤，有利于环境卫生和管理，同时可以美化街景。

值得注意的是，树池营养面积有限，可能影响树木生长，同时增加了铺装面积和造价，利用效率不高。此外，树池需要经常翻松土壤，增加了管理费用，且卫生防护效果也较差。因此，在条件允许的情况下，应尽量采用树带式。

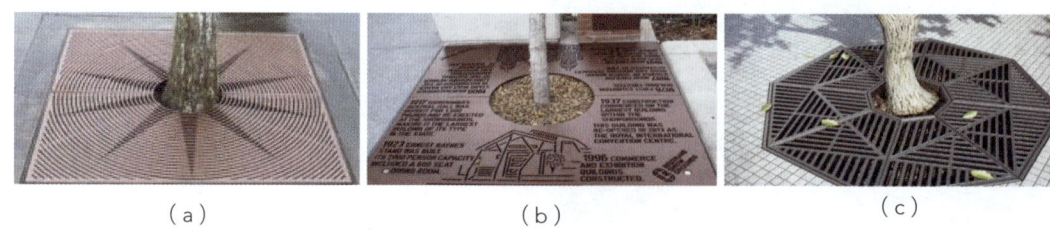

(a)　　　　　　　　(b)　　　　　　　　(c)

(d)   (e)   (f)

图1-7 树池池盖

2. 树带式

树带式是指在人行道和车行道之间留出一条不加铺装的种植带，在人行横道处或人流比较集中的公共建筑前中断。

近年来，一些城市除在车行道两侧种植行道树外，还在人行道的纵向轴线上设置种植带，把人行道一分为二，一条供附近居民和进出商店的顾客使用，一条为过往行人和上下车的乘客服务。种植带内可以种植草皮、花卉、灌木、防护绿篱，还可以种植乔木，与行道树共同形成林荫小径，但应确保树木行距不小于5m。树带式种植在卫生防护和安全保障方面都有一定的优势。

种植带的宽度应视具体情况而定。我国常见种植带宽度的最低限度为1.5m，除种植一行乔木用于遮阴外，还可在行道树株距之间种植绿篱，以增强防护效果；宽度为2.5m的种植带可种植一行乔木，并在靠近车行道的一侧再种植一行绿篱；宽度为5m的种植带可交错种植两行乔木，或种植一行乔木及两行绿篱，靠近车行道的一侧以防护为主，靠近人行道的一侧以观赏为主，中间空地还可种植一些开花灌木、花卉或草皮。

树带式种植如图1-8所示。显然，树带式对树木的生长发育比树池式有利，而且其在艺术造型和防护效果方面也远优于树池式。

(a)   (b)

图1-8 树带式种植

五、行道树的选择

行道树的生长环境条件很差，其日照、通风、水分和土壤等条件都无法与园林或自然中生长的树木相提并论。除辐射温度高、空气干燥、烟尘和有害气体多以外，行道树还会受到种种人为和机械损伤，再加上管网线路限制，均影响了树木的正常生长和发育。因此，能够适应这种环境条件的行道树种并不多，在选择时应注意以下几点：

①选择能够适应城市各种环境因子、病虫害抵抗力强、苗木来源容易且成活率高的树种。

②优先选择树龄长、树干通直、树姿端正、体形优美、冠大荫浓、花朵艳丽、芳香馥郁，春季发芽早、秋季落叶迟，整齐且叶色富于季相变化的树种。

③选择花果无臭味，无飞絮、飞粉，不招惹蚊蝇等害虫，落花、落果不打伤行人，不污染衣物和路面，不造成滑车跌伤事故的树种。

④选择耐修剪、愈合能力强的树种。目前，由于我国城市的架空线路还不能全部转入地下，因此需要对行道树进行修剪，以避免树木较大的枝叶与线路矛盾。

⑤不选择带刺或浅根树种，在经常遭受台风袭击地区更应注意；不选择萌蘖力强和根系特别发达隆起的树种，以免刺伤行人或破坏路面。

六、行道树的株距与定干高度

正确确定行道树的株距，对于充分发挥其作用、合理使用苗木及管理至关重要。一般来说，株距应根据树冠大小确定，但实际情况比较复杂，影响因素较多，如苗木规格、生长速度、交通和市容的需要等。我国各大城市行道树株距规格略有不同，当前趋向于大规格苗木与大距离株距，株距具体数值在4m、5m、6m、8m不等。常用行道树株距如表1-4所示。

行道树定干高度应根据其功能要求、交通状况、道路性质、宽度以及行道树与车行道的距离、树木分级等确定。苗木胸径在12~15cm为宜，其分枝角度越大的，干高不得小于3.5m；分枝角度较小者，也不能小于2m，否则会影响交通。

表1-4 常用行道树株距　　　　　　　　　　　　　单位：m

树种类型	常用株距			
	准备间移		不准备间移	
	市区	郊区	市区	郊区
快长树（冠幅15m以下）	3~4	2~3	4~6	4~8

续表

树种类型	常用株距			
	准备间移		不准备间移	
	市区	郊区	市区	郊区
中慢长树（冠幅15~20m）	3~5	3~5	5~10	4~10
慢长树	2.5~3.5	2~3	5~7	3~7
窄冠树	—	—	3~5	3~4

七、城市道路绿地规划设计原则

1. 道路绿地应与城市道路的性质、功能相适应

城市从形成之日起就和交通联系在一起，交通与城市的发展紧密相连。现代化城市道路交通已成为一个多层次、复杂的系统。受城市布局、地形、气候、地质、水文及交通方式等因素影响，形成了不同的路网，这些路网由不同性质与功能的道路组成。大城市中，通常包含快速道路系统、交通干道系统等，同时，也有人提出建立自行车系统、公共交通系统、步道系统等。由于交通目的不同，不同环境中的景观元素要求也不同，道旁建筑、绿地、小品以及道路自身的设计都必须符合不同道路的特点。

汽车速度是交通干道及快速路景观构成的重要因素，道路绿地的尺度、方式都必须考虑汽车速度。对于商业街、步行街的绿化，如果树木过于高大且种植过密，则很难反映商业街繁华的特点。对于居住区道路，与交通干道相比其功能有所不同，道路尺度也不同，因此其绿地树种在高度、树形、种植方式上也有不同的考虑。

2. 道路绿地应发挥其生态功能

道路绿地应发挥其生态功能，具体如下：

①道路绿地犹如天然过滤器，可以滞尘和净化空气。在广州，有绿地的街道距地面1.5m高处的含尘量相较于没有绿地的街道降低了56.7%，而草坪的飘尘浓度仅为裸露地面的1/5。

②行道树，尤其是乔木，具有遮阴降温的功能。当太阳光辐射到树冠时，20%~25%的热量反射回天空，35%被树冠吸收，加上树木蒸腾作用所消耗的热量，都有助于降温。据测定，夏季有树荫的地方通常比没有树荫的地方低3~6℃。

③道路绿地植物可以增加空气湿度。据测定，草坪植物的叶面积一般为地面面积的20倍左右，通过茎、叶的蒸腾作用，能使周围空气中的水分增加20%左右。

④树木能吸收SO_2等有害气体，并能杀灭细菌，制造O_2。

⑤道路绿地可以隔音和吸收噪声。据南京市测定结果，通过18m宽的林带（两行桧

柏、一行雪松），噪声减少16dB；通过36m宽的林带，噪声减少30dB。

⑥低矮的绿篱或灌木可以遮挡汽车眩光，也可以作为缓冲栽植。

⑦道路绿地可以防风、防雪、防火。

3. 道路绿地设计应符合用路者的行为规律与视觉特性

道路空间是供人们生活、工作、休息、相互往来与货物流通的通道。在交通空间中，有各种不同出行目的的人群。为了研究道路空间的视觉环境，需要根据道路交通空间中不同人群的出行目的与其乘坐交通工具对其所产生的行为规律与视觉特性加以研究，并从中找出规律，作为道路景观与环境设计的依据。

4. 道路绿地应与其他街景元素协调

街景由多种景观元素构成，各种景观元素的作用、地位都应恰如其分。一般情况下，道路绿地应与道路环境中的其他景观元素协调，单纯作为行道树而栽植的树木往往效果不佳。道路绿地设计应符合美学要求。通常应将道路两侧的绿化视为建筑物前的种植，确保从各个视角都能为用路者提供良好的视觉体验。若街道上树木过于繁茂，遮蔽了街道景致，绿化成了视线的障碍，用路者看不清街道面貌，则不利于街道景观元素的协调。因此，道路绿地除须满足特殊功能方面的要求外，还应根据道路性质、街道建筑、气候及地方特点等，将其作为道路环境整体的一部分进行考虑，以达到良好的效果。

现代道路环境往往趋于同质化，采用不同的绿化方式将有助于加强道路特征，区分不同的道路。在现代交通条件下，道路须具有连续性，而绿地则有助于增强这种连续性，还能增强道路的方向性（图1-9），并能以纵向分隔使行进者产生距离感（图1-10）。

道路绿地不仅与街景中其他元素相互协调，还与地形、沿街建筑等紧密结合，使道路在满足交通功能的前提下，与城市自然景色、历史文物以及现代建筑有机地联系在一起。通过将道路与环境作为一个景观整体，进行一体化设计，从而能够创造出有特色、有时代感的城市环境。

（a）　　　　　　　　　　　　　　（b）

图1-9　绿地增强道路的方向性

（a）　　　　　　　　　　　　　　　（b）

图1-10　绿地使行进者产生距离感

5. 道路绿地应选择适宜的园林植物，形成优美、稳定的景观

道路绿地中的各种园林植物，因树形、色彩、香味、季相等不同，在景观、功能上也有不同的效果。根据道路景观及功能的要求，要实现四季常青、三季有花，就需要多品种配合与多种栽植方式的协调。道路绿地直接关系着街景的四季变化，要使各季节均有相宜的景色，就需要根据不同用路者的视觉特性及观赏要求，妥善处理绿化间距、树木品种、树冠形状以及树木成年后高度及修剪等问题。

不同城市的道路绿地形式与树种可以有所不同。街道绿化应以乔木为主，结合灌木与地被植物，确保无裸露土地。道路绿化应符合行车视线和行车净空要求。植物种植应适地适树，并符合植物间伴生的生态习性。不适宜绿化的土质，应先改良土壤再进行绿化。街道绿地应根据需要配备灌溉设施；道路绿地的坡向、坡度应符合排水要求并与城市排水系统相结合，防止绿地内积水和水土流失。街道绿化应远近结合，修建道路时，宜保留有价值的原有树木，对古树名木应予以保护。

城市道路的级别不同，其绿地也应有所区别。主要干道的绿地标准应较高，在形式上也较丰富。相比之下，次要干道上的绿带可以相应减少，有时仅需种植两排行道树即可。

6. 道路绿地应与街道上的交通、建筑、附属设施和地下管线等配合

为确保交通安全，道路绿地中的植物不应遮挡司机在一定距离内的视线，不应遮蔽交通管理标志，同时应留出公共站台的必要范围，并确保乔木具有适当高度的分枝点，避免刮碰大型车辆的车顶。在条件允许的情况下，可以利用绿篱或灌木遮挡车灯产生的眩光。

此外，应协调沿街各种建筑对绿地的个别要求和全街的统一绿化要求，其中，对重要公共建筑的美化和对居住建筑的防护尤为重要。

道路附属设施是道路系统的组成部分，如停车场、加油站等，应根据道路网布置，并依照需求服务于一定范围；道路照明则应根据路线、交通枢纽布置。它们不仅

能够显著提高道路系统服务水平，同时也是道路景观的重要组成部分。

对于公众常用的厕所、报刊亭、电话亭等，应设置方便且合理的位置；人行过街天桥、地下通道入口、电杆、路灯、各类通风口、垃圾出入口、路椅等地上设施和地下管线、地下构筑物及地下沟道等设施，均应相互配合。

应统筹安排绿化树木与市政公用设施的相互位置，确保树木拥有必要的立地条件与生长空间。道路绿地与相关设施最小间距应符合表1-5至表1-8所示的规定。

表1-5 道路绿地与架空电力线路导线的最小垂直距离

电压/kV	1~10	35~110	154~220	330
最小垂直距离/m	1.5	3.0	3.5	4.5

表1-6 道路绿地与地下管线外缘最小水平距离　　　　　　单位：m

管线名称	距乔木中心距离	距灌木中心距离
电力电缆	1.0	1.0
电信电缆（直埋）	1.0	1.0
电信电缆（管道）	1.5	1.0
给水管道	1.5	—
雨水管道	1.5	—
污水管道	1.5	—
燃气管道	1.2	1.2
热力管道	1.5	1.5
排水盲沟	1.0	—

表1-7 道路绿地与其他设施最小水平距离　　　　　　单位：m

设施名称	距乔木中心距离	距灌木中心距离
高2m以下的围墙	1.0	—
挡土墙	1.0	—
路灯杆柱	2.0	—
电力、电信杆柱	1.5	—
消防龙头	1.5	2.0
测量水准点	2.0	2.0

表1-8 道路绿地与建筑物、构筑物最小水平间距　　　　　　　　　单位：m

名称	距乔木中心距离	距灌木中心距离
有窗建筑物外墙	3.0	1.5
无窗建筑物外墙	2.0	1.5
道路侧面外缘、挡土墙、陡坡	1.0	0.5
人行道	0.75	0.5
高2m以下的围墙	1.0	0.75
高2m以上的围墙	2.0	1.0
天桥、栈桥的柱及架线塔电线杆中心	2.0	不限
冷却池外缘	40.0	不限
冷却塔	树高的1.5倍	不限
体育用场地	3.0	3.0
邮筒、路牌、车站标志	1.2	1.2
警亭	3.0	2.0
人防地下室出入口	2.0	2.0
架空管道	1.0	—
一般铁路中心线	3.0	4.0

7. 道路绿地设计应考虑城市土壤条件、养护管理水平等因素

许多城市内的土壤成分比较复杂，一般不利于植物生长。由于换土、施肥的量会受到限制，同时，浇水、除虫、修剪等也会受到管理手段、管理水平和能力的限制，因此，在设计时应兼顾这些因素。

● 活动设计

设计场所：专业教室。

所需工具：A2图纸、画板、针管笔、铅笔、马克笔或彩铅。

活动实施：完成"标段平面图设计"活动实施表中的内容，如表1-9所示。

表1-9 "标段平面图设计"活动实施表

序号	步骤	操作及说明	标准
1	确定标段位置	按照设计底图确定标段位置	《城市道路绿化设计标准》（CJJ/T 75—2023）
2	绘制标段平面图	确定标段设计风格；绘制标段地形等高线；绘制上、下木；绘制图例	

职业能力2 标段岛头设计

城区道路中间绿带的起始和尽头被称为"岛头"。岛头是展现绿化品质的"窗口",精致的岛头犹如道路绿化的眼睛,是展现城市绿化品质的"点睛之笔"。在城市中植树造林、种草种花,将一定的地面(空间)覆盖或装点起来,这一过程就是城市绿化。城市绿化是栽种植物以改善城市环境的活动。

● 相关知识

交叉路口是指两条或两条以上道路的相交处,它是交通的咽喉。进行种植设计时,需要先调查其地形、环境特点,并了解安全视距及相关符号。

安全视距是指行车驾驶员发觉对方来车立即刹车而恰好能停车的距离。为了保证行车安全,交叉路口转弯处必须空出一定距离,使司机在这段距离内能看到对面或侧方来往的车辆,并有充足的刹车和停车时间,不致发生撞车事故。根据两条相交道路的两个最短视距,可在交叉路口平面图上绘出一个三角形,称为视距三角形,如图1-11所示,在此三角形内不能有建筑物、构筑物、广告牌以及树木等遮挡司机视线的地面物。在视距三角形内布置植物时,其高度不得超过0.65~0.7m,宜选低矮灌木、丛生花草种植。

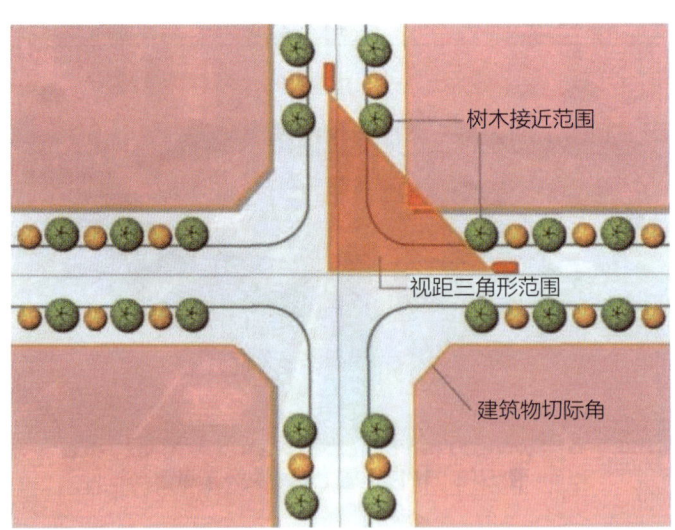

图1-11 视距三角形

安全视距的大小根据道路允许的行驶速度、道路的坡度、路面质量情况而定,一般采用30~35m为宜。

安全视距可按式(1-1)计算。

$$D=a+tv+b \tag{1-1}$$

式中　　D——安全视距，m；

　　　　a——汽车停车后与危险带之间的安全距离，m，一般为4m；

　　　　t——驾驶员发现目标必须刹车的时间，s，一般为1.5s；

　　　　v——规定行车速度，m/s；

　　　　b——刹车距离，m。

上式中，$b=v^2/2g\varphi$。其中，g为重力加速度；φ为汽车轮胎与路面的摩擦因数，结冰情况下取0.2，潮湿时取0.5，干燥时取0.7。

● 活动设计

设计场所：专业教室。

所需工具：A2图纸、画板、针管笔、铅笔、马克笔或彩铅。

活动实施：完成"标段岛头设计"活动实施表中的内容，如表1-10所示。

表1-10　"标段岛头设计"活动实施表

序号	步骤	操作及说明	标准
1	确定标段岛头位置	按照设计底图确定标段岛头的位置	《城市道路绿化设计标准》（CJJ/T 75—2023）
2	绘制标段岛头平面图	确定标段岛头设计风格；绘制标段岛头地形等高线；绘制植物及景观；绘制图例	
3	色彩表现	对设计平面图进行色彩表现	

职业能力3　街道小游园设计

街道小游园是指在城市干道旁供居民短时间休息的小块绿地，又称街道休息绿地、街道花园。街道小游园以植物为主，可用树丛、树群、花坛、草坪等布置。采用乔木、灌木、常绿或落叶树相互搭配，层次要有变化，内部可设小路和小场地，供人们进入休息。有条件的还可设置一些建筑小品，如亭廊、花架、园灯、小池、喷泉、假山、座椅、宣传廊等，以丰富景观内容，满足居民的需要。

● 相关知识

一、街道小游园的布局形式

街道小游园绿地大多地势平坦，或略有高低起伏，可设计为规则对称式、规则不对称式、自然式、混合式等多种形式。其中，规则对称式和规则不对称式统称为规则式。

1. **规则对称式**

规则对称式具有明显的中轴线，有规则的几何图形，如正方形、长方形、三角形、多边形、圆形、椭圆形等。此种形式外观比较整齐，能与街道、建筑物相协调，但其在一定程度上易受约束。为了发挥绿化改善城市小气候的作用，在条件允许的情况下，绿带占道路总宽度的20%为宜。由于不同地区的要求不同，这一比例也会有所差异。

2. **规则不对称式**

规则不对称式整齐而不对称，可以根据其功能组成不同的空间。它给人的感觉是虽不对称，但有均衡的效果。

3. **自然式**

自然式无明显的轴线，道路为曲线，植物以自然式种植为主，易于结合地形，创造自然环境。这种形式活泼舒适，如果点缀一些山石、雕塑或建筑小品，则更显美观。

4. **混合式**

混合式是规则式与自然式相结合的一种形式，运用比较灵活，内容布置丰富。这种形式往往空地面积较大，能组织成几个空间，各个空间的联系过渡应自然，总体格局应协调，不可杂乱无章。

二、街道小游园规划设计要点

街道小游园是城市生态环境建设的有机组成部分，在规划设计时应注意以下要点。

1. **特点鲜明突出，布局简洁明快**

街道小游园的平面布局不宜复杂，应使用简洁的几何图形。从美学理论上看，简洁的几何图形要素之间具有严格的制约关系，能够激发人们的美感。同时，它对于整体效果、远距离及运动过程中观赏效果的形成也十分有利，具有较强的时代感。

2. **因地制宜，力求变化**

如果街道小游园规划地段面积较小，地形变化不大，周围是规则式建筑，则游园内部道路系统以规则式为佳；若地段面积稍大，又有地形起伏，则可以自然式布置。城市中的街道小游园贵在自然，最好能使人们暂时逃离嘈杂的城市环境。同时，园景也宜充满生活气息，便于人们驻足休息。此外，还应发挥艺术手段，将人们带入设定的情境中，做到自然性、生活性、艺术性相结合。

3. 小中见大，充分发挥绿地的作用

①布局紧凑。尽量提高土地利用率，将园林中的死角转化为活角等。

②空间层次丰富。利用地形道路、植物小品分隔空间，也可利用各种形式的隔断花墙构成园中园。

③建筑小品以小巧取胜。道路、铺地、座凳、栏杆的数量与体量要控制在满足游人活动的基本尺度要求之内，使游人产生亲切感，同时扩大空间感。

4. 植物配置与环境结合，体现地方风格

严格选择主调树种。考虑主调树种时，不仅应关注色彩美和形态美，更应注重风韵美，使其姿态与周围的环境气氛相协调。应注意时相、季相、景相的统一，为在较小的绿地空间取得较大活动面积，而又不减少绿景，植物种植可以乔木为主、灌木为辅，乔木以点植为主，在边缘适当辅以树丛，适当增加宿根花卉种类。此外，也可适当增加垂直绿化的应用。

5. 组织交通，吸引游人

进行道路设计时，应采用角穿的方式使穿行者从绿地的一侧通过，保证游人活动的完整性。

6. 硬质景观与软质景观兼顾

硬质景观与软质景观应按互补的原则进行处理。例如，硬质景观突出点题入境、象征与装饰等表意作用；软质景观则突出情趣、和谐舒畅、情绪、自然等顺情作用。

7. 动静分区

为满足不同人群活动的要求，设计街道小游园时应考虑动静分区，并应注意活动区的公共性和私密性。在空间处理上要注意动观、静观、群游与独处兼顾，使游人找到自己所需要的空间类型。

● **教学案例**

街道小游园设计

● **活动设计**

设计场所：专业教室。

所需工具：A2图纸、画板、针管笔、铅笔、马克笔或彩铅。

活动实施：完成"街道小游园设计"活动实施表中的内容，如表1-11所示。

表1–11 "街道小游园设计"活动实施表

序号	步骤	操作及说明	标准
1	现场调研及需求分析	搜集和考虑当地居民、社区、政府以及其他相关方的需求和期望。考虑因素包括但不限于使用者的年龄、活动类型、使用时间等	《城市道路绿化设计标准》（CJJ/T 75—2023）
2	场地评估	考察场地的地形、土壤质量、光照、水源、周边环境等自然条件，以及场地的历史用途、现有设施等	
3	功能规划	基于需求分析和场地评估，确定小游园绿地的功能。这些功能可能包括休闲、娱乐、运动、景观等。规划时须考虑如何满足不同使用者的需求，并确保功能布局合理，互不干扰	
4	植物规划	设计过程中需要特别关注植物的规划。选择适合当地气候、土壤条件和场地环境的植物，并考虑植物的季相变化、生长速度和养护需求。同时，植物规划应与整体景观相协调	
5	设施规划	配置相应的设施，如座椅、灯光、健身设备等。这些设施不仅要满足使用功能，还要考虑安全性、舒适性和审美需求。选择环保、耐用材料，并确保设施的设置不损害绿地的生态功能	

任务四 编制设计说明书

职业能力 搜集整理行业标准和国家规范并编制设计说明书

进行城市道路绿地设计时，为了更全面、系统且准确地表达设计者的设计构思，各阶段布置内容的设计意图、经济技术指标、工程安排以及设计图上难以表达清楚的内容等，必须用图表及文字的形式进行描述、说明，使城市道路绿地规划设计的内容更加完善。

进行道路绿地设计时，应参考相关行业标准和国家规范，通过系统学习，做到自觉遵守、履行道德准则和行为规范等。

相关知识

城市道路绿地设计说明书主要是为了说明规划设计意图,主要包括以下内容:
①位置、范围、面积、现状、设计依据。
②工程性质、设计原则。
③功能分区或景区、景点构思。
④构成要素规划(出入口、地形山水、道路广场、园林小品、建筑布局、种植规划、管线、电气规划等)。
⑤面积比例(用地平衡表)。
⑥管理机构和人员编制。
⑦分期建园计划。
⑧其他。

上述所列内容比较齐全,具体应用时,不同规模、性质和要求的园林工程中的城市道路绿地设计,所需的内容也不尽相同。目前,一些较为简单的城市道路绿地设计,可能只需要一张总体规划方案图及简要说明。具体出图项目和说明内容,应根据需要而定。

活动设计

设计场所:专业教室。
所需工具:A2图纸、笔。
活动实施:完成"搜集整理行业标准和国家规范并编制设计说明书"活动实施表中的内容,如表1-12所示。

表1-12 "搜集整理行业标准和国家规范并编制设计说明书"活动实施表

序号	步骤	操作及说明
1	设计依据	道路绿化设计主要依据以下规范:《城市道路绿化设计标准》(CJJ/T 75—2023)、《园林绿化工程施工及验收规范》(CJJ 82—2012)等
2	项目背景	通过对某路段进行科学合理的绿化设计,提高道路绿化率,为市民提供一个舒适、安全、美观的交通环境
3	绿化目标	提高道路绿化率,改善城市生态环境;提升城市景观形象,为市民提供良好的生活环境;满足市民休闲游憩需求,增强市民的归属感、幸福感;降低城市噪声和空气污染,提高道路通行效率
4	绿化原则	生态优先、人文关怀、功能主导、美学原则、植物多样性、因地制宜、节约资源、后期维护
5	绿化布局	分区布局、线性布局

评价反馈

（1）组间展示工作成果，学生讨论，教师检查工作成果。

（2）教师与学生一起评价工作成果。

（3）教师总结方案设计中出现的问题，并给出解决意见。师生共同总结重要知识点。

（4）完成图纸检查表、工作任务检查表、考核标准及考核成绩表，分别如表1-13至表1-16所示。

表1-13　图纸检查表

序号	项目与技术要求	分值	检查标准	实测记录	备注
1	立意构思	20分	能够结合周围环境特点，进行设计的立意构思，并能做到设计新颖、巧妙		
2	树种选择	20分	能够根据城市道路绿化的环境特点，在保证安全性和景观性的前提下，合理地进行树种选择		
3	方案的可实施性	20分	道路设计能够满足不同用路者的视觉要求和使用要求		
4	方案的景观性	20分	道路绿化设计富有时代气息，景观效果好		
5	设计图表现	20分	设计图样能够准确表达设计构思，符合制图规范、图面整洁		

表1-14　工作任务检查表

序号	评价项目	工作任务完成情况	签名
1	图纸、文本文件完成情况		
2	独立完成的任务		
3	小组合作完成的任务		
4	教师指导下完成的任务		

表1-15 考核标准

序号	考核项目	分值	考核标准	得分	备注
1	学习态度与参与程度	10分	组员均能积极参与学习活动，献计献策，发表意见		
2	学习作品质量	35分	设计方案能够满足设计要求，符合设计规范，图纸质量好，植物图例表现准确，比例合理，设计说明书阐述清晰明了		
3	作品展示、交流	5分	认真向其他组学习，讲解本组设计意图		
4	表达能力	5分	口语表述清楚、流利，言简意赅		
5	答辩能力	5分	准确解答提问者的问题，态度诚恳		
6	资料搜集、统计、分析能力	5分	资料翔实、有用，统计准确，分析明了		
7	小组合作	5分	以小组集体利益为先，能够尊重他人意见，成员关系和谐		
8	工作程序	5分	简明有效		
9	学习、工作的独立性	10分	本小组独立设计工作方案，完成立地类型表的编制，独立解决遇到的问题		
10	外语能力	5分	准确使用相关英语术语		
11	环境意识	5分	保持教室卫生，不得大声喧哗		
12	遵守纪律	5分	按时上下课，自觉维护课堂秩序		
	合计	100分			

表1-16 考核成绩表

序号	考核项目		分值	学生自评（20%）	学生互评（20%）	教师评价（60%）	得分	备注
1	课内综合项目考核（70分）	学习态度与参与程度	10分					
		学习作品质量	35分					
		作品展示、交流	5分					

续表

序号	考核项目	分值	学生自评（20%）	学生互评（20%）	教师评价（60%）	得分	备注
1	课内综合项目考核（70分）	表达能力	5分				
		答辩能力	5分				
		资料搜集、统计、分析能力	5分				
		小组合作	5分				
2	素质目标成绩评定标准（30分）	工作程序	5分				
		学习、工作的独立性	10分				
		外语能力	5分				
		环境意识	5分				
		遵守纪律	5分				
	合计	100分					

项目二　广场绿地设计

● **知识目标**

（1）能够掌握广场的概念和基本特点。

（2）能够掌握不同类型广场空间的特点。

（3）能够对广场绿地进行绿化设计。

（4）能够掌握不同广场的设计要点。

● **技能目标**

（1）能够对广场绿地规划设计的现状调查进行分析。

（2）能够结合当地的城市特色和人文特色确定广场绿地设计的主题和思路。

（3）能够绘制总平面图、功能分区图、剖面图及立面图、局部效果图。

（4）能够编制设计说明书。

● **素养目标**

（1）培养资料搜集、分析与评价的能力。

（2）培养按照制图规范及标准制图的能力。

（3）培养创意构思、图纸表达的能力。

（4）培养团队合作意识。

（5）培养表述与合理答辩的能力。

任务一　广场绿地现状调研

职业能力　广场绿地资料记录与分析

设计前，应进行实地勘察并填写广场绿地现场勘察、调查表，如表2-1所示。

表2-1　　　　　　　　　　　广场绿地现场勘察、调查表

序号	勘察、调查对象		详情记录	备注
1	自然条件	气象条件		
		地形条件		
		土壤条件		
		水系条件		
2	社会条件	交通		
		现有设施		
		工农业生产情况		
		城市历史、人文资源		
3	设计条件	现场树木情况		
		现场的建筑		
		可利用、可借景的景物		
		不利或影响的物体		

搜集或测绘进行总体规划所需的现状图，常用图纸比例为1∶2000、1∶1000、1∶500。局部放大图为1∶200，地下管线图为1∶200或1∶500。

● 相关知识

广场是城市道路交通体系中具有多种功能的空间，通常是公共建筑集中的地方。广场是城市居民社会活动的中心，可组织集会、供交通集散，同时也是人流、车流的交通枢纽或居民游览休息和组织商业贸易交流的场所。广场周围一般会布置城市中的重要建筑和设施，故能集中体现城市的艺术面貌。因此，广场往往成为表现城市特征的标志。

一、广场的分类

广场的类型多种多样，主要根据其使用功能、尺度关系、空间形态和材料构成等方面的不同进行分类。

（一）按使用功能分类

根据使用功能的不同，广场可分为以下类型。

1. 集会性广场

集会性广场包括政治广场、市政广场、宗教广场等。图2-1所示为南宁五象广场。

图2-1　南宁五象广场

2. 纪念性广场

纪念性广场包括纪念广场、陵园广场、陵墓广场等。图2-2及图2-3所示分别为哈尔滨防洪纪念塔广场及青岛五四广场。

图2-2　哈尔滨防洪纪念塔广场

图2-3　青岛五四广场

3. 交通性广场

交通性广场包括站前广场、交通广场等。图2-4及图2-5所示分别为河北滦县火车站广场及大连中山广场。

图2-4　河北滦县火车站广场

图2-5　大连中山广场

4. 文化娱乐休闲广场

文化娱乐休闲广场包括音乐广场、街心广场等。图2-6所示为福建城市广场。

（二）按尺度关系分类

根据尺度关系的不同，广场可分为以下类型。

1. 特大广场

特大广场特指国家性政治广场、市政广场等，这类广场用于国务活动以及检阅、集会、联欢等大型活动。图2-7所示为天安门广场。

图2-6　福建城市广场

图2-7　天安门广场

2. 中小型广场

中小型广场包括街区休闲活动广场、庭院式广场等。其中，庭院式广场如图2-8所示。

图2-8　庭院式广场

（三）按空间形态分类

根据空间形态的不同，广场可分为以下类型。

1. 开敞性广场

开敞性广场包括露天市场、体育场等，如图2-9所示。

图2-9　开敞性广场

2. 封闭性广场

封闭性广场包括室内商场、体育馆等，如图2-10所示。

图2-10　封闭性广场

（四）按材料构成分类

根据材料构成的不同，广场可分为以下类型。

1. 以硬质材料为主的广场

以硬质材料为主的广场指以混凝土或其他硬质材料作为广场主要辅装材料，可分为素色广场和彩色广场两种。图2-11所示为凡尔赛宫广场。

图2-11　凡尔赛宫广场

2. 以绿化材料为主的广场

以绿化材料为主的广场包括公园广场、绿化性广场等。图2-12所示为大连星海广场。

图2-12　大连星海广场

3. 以水质材料为主的广场

以水质材料为主的广场包含大面积水体造型等的广场，如图2-13所示。

图2-13　以水质材料为主的广场

● **活动设计**

设计场所：牡丹江市明珠广场。

所需工具：测量工具、铅笔、速写本、相机或手机。

活动实施：完成"广场绿地资料记录与分析"活动实施表中的内容，如表2-2所示。

表2-2 "广场绿地资料记录与分析"活动实施表

序号	步骤	操作及说明
1	绘制广场绿地基地现状图	对基地进行测绘,绘制现状图
2	分析广场绿地基地外部交通环境	分析设计范围周边的道路系统和周边环境,拍摄现场照片
3	分析广场绿地基地内部环境	对基地现状进行测量和记录,对存在的问题进行分析并拍摄现场照片
4	分析广场绿地基地人文环境	了解基地历史沿革以及当今文化

任务二 广场绿地方案初步设计

职业能力1 相关案例搜集与整理

进行方案设计前,应对相关广场绿地设计优秀案例进行搜集与整理,并对其进行剖析,从而拓宽设计思路。

● 相关知识

优秀案例的搜集方法如下:
①实地调研各类型广场绿地。
②通过网络搜集各类型广场绿地资料。
③查阅相关书籍、杂志等资料。
④从园林公司或规划设计院获取相关设计案例。
⑤通过设计公司公众号获取相关设计案例。

● 教学案例

广场设计案例分析

活动设计

设计场所：专业教室或图书馆。

所需工具：铅笔、速写本、相机或手机。

活动实施：完成"相关案例搜集与整理"活动实施表中的内容，如表2-3所示。

表2-3 "相关案例搜集与整理"活动实施表

序号	步骤	操作及说明
1	案例搜集	通过不同途径搜集广场绿地设计优秀案例
2	案例剖析	小组讨论，进行案例剖析，找出可供借鉴的部分

职业能力2　广场绿地设计方案构思

进行立意构思，构建场地的整体形象，即方案的主题。力求设计能反映地域和城市风格、文化沉淀及大众的审美取向等。

进行设计方案构思，通过前期基地现状分析及优秀案例剖析，结合场地客观存在的各要素，如历史特征和时代特征，运用多种手法形成一个方案的雏形。

相关知识

城市总体规划是对城市一定时期内（一般为20年左右）的总体布局和发展进行安排。其内容涵盖城市用地布局，包括居住用地、工业用地、商业用地、公共设施用地、绿地等各类用地的划分和分布。

城市总体规划还包括城市基础设施的布局，如道路系统规划，要确定主干道、次干道、支路的走向和宽度，以及交通设施的设置，如公交站点、停车场等。给排水系统规划涉及水源地的保护、自来水厂的选址和污水排放管道的布置等。

教学案例

广场设计案例

活动设计

设计场所：专业教室或图书馆。

所需工具：铅笔、速写本、相机或手机。

活动实施：完成"广场绿地设计方案构思"活动实施表中的内容，如表2－4所示。

表2－4　"广场绿地设计方案构思"活动实施表

序号	步骤	操作及说明
1	提炼设计主题	从地理、文化、气候、历史等方面提炼广场绿地设计的主题思想
2	呈现设计主题	使用草图、模型、语言、文字等表现方式呈现广场绿地设计主题

职业能力3　广场绿地设计方案推敲比较

通过前期的设计构思，充分利用基地条件，从功能需求、人流走向、空间形式、场地环境等入手，最终确定广场绿地设计的主题及思路，并进行平面方案的布置，规划出广场的整体布局。

对于广场绿地设计而言，由于影响设计的因素有很多，因此认识和解决问题的方式也多种多样。通过多方案对比，最终获得一个相对优秀的实施方案。

相关知识

一、广场绿地设计基本要求

以集会性广场、纪念性广场、交通性广场及文化娱乐休闲广场为例，各广场绿地设计基本要求如下。

（一）集会性广场

集会性广场一般用于政治、文化集会、庆典、游行、检阅、礼仪、民间传统节日等活动。这类广场不宜过多布置娱乐性建筑和设施，通常位于城市中心地区，如天安门广场、上海人民广场、兰州中心广场等。在规划设计时，应考虑游行检阅、群众集会、节日联欢的规模和其他设置用地需要，同时应注意合理布置广场与相接道路的交通路线，以保证人群和车辆的安全、迅速汇集与疏散。

集会性广场中还包括宗教广场，通常用于在教堂、寺庙及礼堂前举行宗教庆典、集会、游行等活动。宗教广场上设有供宗教礼仪、祭祀、布道用的平台、台阶及敞廊。历史上宗教广场有时与商业广场结合在一起，而现代宗教广场已逐渐起到市政广场和娱乐性广场的作用。

集会性广场是反映城市面貌的重要区域，因而设计应与周围的建筑布局、透视感觉、空间组织、色彩和形体对比等相协调，以起到相互烘托、相互辉映的作用，从而反映出中心广场壮丽的景观。

常用广场几何图形包括矩形、正方形、梯形、圆形或其他几何形状的组合。无论采用哪一种形状，其比例均应保持协调。对于长宽比大于3的广场，在交通组织、建筑布局、艺术造型和绿地设计等方面都会产生不良的效果。因此，长宽比通常以4∶3、3∶2或2∶1为宜。同时，广场的宽度与四周建筑物的高度也应有适当的比例，一般以广场宽度为四周建筑物高度的3~6倍为宜。

广场及其相邻道路的交通组织至关重要。为了避免主干线上的交通对广场产生干扰，在城市道路规划与设计中，必须禁止快速干道和主干道上过境交通穿越广场。此外，为了维护广场的安全与秩序，应规定载重汽车不得出入广场。

广场内应设有灯杆照明、绿化花坛等，从而起到点缀、美化广场以及组织内外交通的作用。此外，在广场横断面设计中，在保证排水的情况下，应尽量减少坡度，以使场地平坦。

广场中心绿地设计一般不布置种植区域，多为水泥铺设，但在节日且不举行集会时可布置草皮绿地、盆景群等，以创造节日氛围。主席台、观礼台两侧及背面则须绿化，常配置常绿树，树种应与广场四周建筑相协调，以达到美化广场及城市的效果。

（二）纪念性广场

纪念性广场主要是为纪念某些历史名人或某些事件而建的广场。

纪念性广场的核心特征在于广场中心或侧面设有突出的纪念雕塑、纪念碑、纪念塔、纪念物和纪念性建筑等标志物，这些主体标志物应位于构图中心，其布局及形式应满足纪念气氛及象征的要求。广场本身应成为纪念性雕塑或纪念碑底座的有机组成部分。纪念性广场在设计中应体现良好的观赏效果，以供人们瞻仰。因此，必须严禁交通车辆在广场内穿越，以免造成干扰。此外，广场应充分考虑绿化、建筑小品等，确保整体和谐统一，形式庄严、肃穆。

纪念性广场有时也与某些集会性广场合并设置，例如天安门广场。设计这类广场绿地时，首先应根据广场的纪念意义与主题，形成相应、统一的形式及风格（如庄严、雄伟、简洁、娴静、柔和等）。其次，绿化树种或花木的选择应具有代表性。若广场面积不大，应选择与纪念性氛围相契合的树种，加以点缀及映衬。例如，塑像侧面宜布置浓重、苍翠的树种，创造严肃或庄重的气氛；纪念堂侧面宜铺设草坪，创造娴静、开朗的境界。以天安门广场南部为例（图2-14），该区域以毛主席纪念堂为主体和中心，以松、柳为主配树种，周围以矮柏为绿篱，构成了多功能、政治性、纪念性的绿地。

（a） （b）

图2-14 天安门广场南部

（三）交通性广场

交通性广场作为城市交通系统的有机组成部分，它是连接交通的枢纽，承担着交通、集散、联系、过渡及停车的作用，并有合理的交通组织功能。交通性广场可以从竖向空间布局上进行规划设计，以解决复杂的交通问题，分隔车流和人流。它应满足畅通无阻、联系方便的要求，应有足够的面积及空间以满足车流、人流的安全需要。

交通性广场是人流集散较多的地方。如火车站、飞机场、轮船码头等站前广场，以及剧场、体育场（馆）、展览馆、饭店、旅馆等大型公共建筑物前的广场，还包括道路公共交通的专用交通广场等。

除具有组织和管理交通的功能外，交通性广场还具有修饰街景的作用，特别是站前广场，往往应具备多种设施，如人行道、车道、公共交通换乘站、停车场、人群集散地、交通岛、公共设施（休息亭、公共电话、公共厕所）、绿地以及排水和照明等设施。

交通性广场主要位于几条道路相交的较大型交叉路口，其核心功能是组织交通。为了确保车辆、行人顺利及安全地通行，组织简捷明了的交叉口，现代城市中常采用环形交叉口广场，特别是四条以上车道交叉时，环形交叉口广场的应用更加广泛。

交通性广场不仅是人流集散的重要场所，它往往还是城市交通的起点、终点和车辆换乘地。设计时，应考虑人与车流的分隔，合理统筹安排，尽量避免车流对人流的干扰，使交通线路简易明确。

交通性广场绿地设计应有利于组成交通网，满足车辆集散要求。其种植必须服从交通安全，并构成完整且色彩鲜明的绿化体系。交通性广场绿地包括绿岛、周边式与地段式三种形式。其中，绿岛是交通性广场中心的安全岛，可种植乔木、灌木并与绿篱相结合。面积较大的绿岛可设地下通道并围以栏杆；面积较小的绿岛可布置大花坛，种植一年生或多年生花卉，组成各种图案，或种植草皮，以花卉点缀。冬季长的北方城市，可设置雕像，与绿化结合形成景观。周边式是指在广场周围进行绿化，种植草皮、矮花木，或围以绿篱。地段式是指将广场上除行车路线外的地段全部绿化，除了可以种植高大乔木外，也可以种植花草、灌木，其形式活泼，不拘一格。特大交通性广场常与街心小游园相结合。

（四）文化娱乐休闲广场

无论是传统还是现代的广场均应具备文化娱乐休闲性质，尤其在现代社会中，文化娱乐休闲广场不仅促进了各种文化活动的繁荣，还为各种植物的茁壮生长提供了良好的环境。这类广场在管理工作上的要求较高。

其设计需要考虑多方面的因素，以满足人们的休闲、娱乐和文化需求。文化娱乐休闲广场设计基本要求如下。

1. 功能多样化

①提供多种娱乐活动设施，如音乐喷泉、露天舞台、儿童游乐区、健身器材等，以满足不同年龄段和兴趣爱好的人群需求。

②设立休息区域，如长椅、亭子等，供人们休息和交流。

③考虑文化展示功能，如设置文化墙、雕塑、艺术展览区等，展示当地的历史文化和艺术特色。

2. 空间布局合理

①合理划分不同功能区域，确保各个区域之间的交通流畅，避免相互干扰。

②考虑人流走向和聚集点，设置宽敞的通道和集散广场，以保证人员的安全疏散。

③利用地形和景观元素，营造丰富的空间层次和视觉效果。

3. 景观设计优美

①注重植物配置，选择适合当地气候和土壤条件的植物，营造出四季有景的绿化环境。

②运用水景、山石、小品等景观元素，增加广场的趣味性和观赏性。

③考虑夜景照明设计，通过灯光效果营造出独特的氛围，提高广场的夜间吸引力。

4. 人性化设计

①地面铺装应平整、防滑，方便行走和活动。

②设置无障碍设施，如轮椅通道、盲道等，确保残障人士能够方便地使用广场。

③提供足够的公共厕所和垃圾桶等卫生设施，保持广场的清洁卫生。

5. 体现文化特色

①深入挖掘当地的文化内涵，将其融入广场的设计中，使广场具有独特的地域文化特色。

②可以通过建筑风格、装饰元素、主题活动等方式来体现文化特色，增强人们对当地文化的认同感和归属感。

6. 可持续发展

①采用环保材料和节能设备，减少对环境的影响。

②合理规划水资源利用，设置雨水收集系统，用于广场的绿化灌溉等。

③考虑广场的长期维护和管理，确保其能够持续发挥作用。

7. 安全性保障

①安装监控设备和安全警示标识，加强广场的安全管理。

②对游乐设施和健身器材进行定期检查和维护，确保其安全性。

③合理设置防护设施，如栏杆、护栏等，防止意外事故的发生。

在实际设计中，还需要根据具体的场地条件、使用需求和当地文化背景进行综合考虑，以打造一个具有吸引力和实用性的文化娱乐休闲场所。

二、设计方案的比较与权衡

设计方案的比较与权衡是指在设计过程中对不同的方案进行评估和选择的过程。在面对各种可能性和限制条件时，设计师需要权衡各种因素，寻找最佳解决方案。

三、设计方案的深化

设计方案的深化应分多次完成，需要经历多次从深化到调整的循环过程。这一过程除要求具备较高的专业知识、较强的设计能力及正确的设计方法外，还应保持细心、耐心和恒心，此外，还要注意平时素材的积累。

四、编制广场绿地设计大纲

在详细分析研究委托设计任务书、园址现状、环境条件及建设单位要求后，设计者应根据上述调查研究资料编制设计大纲（建设方案）。设计大纲是进行该广场绿地设计的指示性文件，也是确定建设项目和编制设计文件的重要依据。广场绿地设计大纲应包括以下内容：

①广场绿地基址现状分析。

②广场绿地的预期使用情况。

③广场绿地设计原则和设计目标。

④广场绿地总体布局。

广场绿地设计大纲如表2-5所示。完成设计大纲编制后，可与建设单位再进行一次商谈，旨在征求宝贵意见，并据此对设计大纲进行修改或完善。

表2-5 _____广场绿地设计大纲

广场绿地基址现状分析	园址特征	
	环境条件分析	
广场绿地的预期使用情况	绿地性质	
	功能	
	服务半径	
	游人容量	
广场绿地设计原则和设计目标		
广场绿地总体布局	功能或景色分区	
	主要景点、设施	
	艺术特色和风格	

活动设计

设计场所：专业教室。

所需工具：A2图纸、画板、针管笔、铅笔、马克笔或彩铅。

活动实施：完成"广场绿地设计方案推敲比较"活动实施表中的内容，如表2-6所示。

表2-6 "广场绿地设计方案推敲比较"活动实施表

序号	步骤	操作及说明
1	确定广场主题	结合周边建筑和环境，并结合场地历史和时代特征进行广场主题定位
2	广场平面布局	应符合广场性质和设计要点，以功能需求、人流走向和场地特征进行广场平面布局

任务三 广场绿地方案详细设计

职业能力1 绘制广场绿地总平面图

总平面图也称总体布置图，可按一般规定比例绘制，用于表示建筑物、构筑物的方位和间距以及道路网、绿化、竖向布置和基地临界情况等。通常而言，总平面图就是表示整个建筑基地的总体布局，具体表达新建房屋的位置、朝向以及周围环境（原有建筑、交通道路、绿化、地形等基本情况）的图样。

● 相关知识

一、总体规划图

总体规划图是指根据设计大纲，将功能分区、主要景点设置、建筑物或构筑物规划、道路系统规划、植物种植、园林小品设置、管线设施等单体（要素）规划的内容轮廓性地综合展现在一幅图纸上。绘制广场绿地总平面图时，应先绘制总体规划图。其内容主要包括：

①广场绿地与周围环境的关系。
②功能分区情况。
③所处位置、广场面积、规划形式等布局情况。
④构筑物管线等布局情况。
⑤种植规划。
⑥主要景点效果。

总体规划图常用比例依广场面积大小而定。面积较大的可采用1∶2000～1∶1000的比例；面积较小的可采用1:500及以上的比例。根据设计，完成广场绿地总体规划表，如表2-7所示。

表2-7　　　　　　　　　　　广场绿地总体规划表

序号	规划内容	主要依据	绘图比例	图纸表现方法
1	功能分区设计			
2	主要景区及景点设计			
3	竖向设计			
4	种植规划方案			

二、广场绿地总平面图的作用

广场绿地总平面图在规划和设计广场的过程中起着至关重要的作用。它提供了直观、全面的场地信息，有助于设计师和决策者全面了解广场的布局和各元素之间的关系，从而更好地进行规划和设计。广场绿地总平面图的作用具体表现在以下几个方面：

①有助于了解场地的地理位置、地形地貌、气候条件、植被情况、环境要素等信

息。通过广场绿地总平面图，能够清晰地看到场地的地形起伏、建筑物分布、绿带设置等情况，从而更好地进行规划和设计。

②指导景观设计。广场绿地总平面图可以帮助景观设计师了解场地的自然条件、人文历史等信息，从而更好地进行景观设计和规划。在广场绿地总平面图中，可以标注出植被种类、景观设施等元素，并明确它们的尺寸和位置。

③协调各专业设计。广场绿地总平面图可以作为各专业设计的共同参照，帮助不同专业之间的设计人员更好地协调工作。例如，建筑师、景观设计师、结构工程师等都可以在广场绿地总平面图上进行标注和修改，以确保设计的协调性和一致性。

④评估设计方案。广场绿地总平面图可以作为评估设计方案的重要工具。通过广场绿地总平面图，可以直观地看到设计方案中的优缺点，并进行比较和评估。同时，也可以通过广场绿地总平面图进行模拟和分析，评估设计方案在不同条件下的表现和效果。

⑤沟通交流的工具。广场绿地总平面图是一种直观的沟通交流工具，有助于设计师、决策者、业主等相关人员进行有效的沟通和交流。在广场绿地总平面图上，可以标注出各种信息和意见，以便更好地进行沟通和协调。

三、广场绿地总平面图要素

广场绿地总平面图应包含以下要素：

①保留的地形和地物。

②场地四界的测量坐标（或定位尺寸），道路所处位置、建筑控制线或用地红线的位置。

③场地四邻原有及规划道路、绿带与建筑物及构筑物的位置、名称、层数、间距。

④基地内部建筑物及构筑物的位置。

⑤主要建筑物之间的距离，表明建筑物名称、层数（视情况标尺寸）。

⑥道路、广场的标高，停车场及停车位、消防车道及高层建筑消防扑救场地的布置。

⑦绿化、景观设施的布置示意，并表示出护坡、挡土墙，排水沟等设施。

⑧指北针或风玫瑰图。

⑨主要技术经济指标表。

⑩比例或比例尺、补充比例及其他必要的说明等。

四、总体规划布局要点

广场绿地总平面图总体规划布局要点如下：

①与周边的关系，如建筑、道路、入口、设施、风向、日照、视线等。
②内部建筑比例与布局情况，如面积、高度等。
③内部道路与铺装情况。
④内部绿化、水景情况。
⑤地形处理情况。

五、广场绿地总平面图道路设计要求

①建筑与道路交通等设计应符合相关规范要求。
②道路系统是规划布局的骨架，往往影响着整个地块的总体规划布局，需要格外重视。
③应判断道路的等级、断面形式、尺寸、转弯半径、视距三角形、道路走向、坡度、控制线、出入口方向、道口宽度、停车场位置、停车泊位、出入口距交叉口的距离、消防车道、人防出入口、地下停车库出入口、主要出入口疏散空间等相关要素是否符合设计规范要求。
④应考虑地形的竖向变化，主要出入口应注意与周边城市道路系统在平面和竖向关系上的相互衔接。

六、广场绿地总平面图手绘表现

广场绿地总平面图手绘表现中需要注意的问题如下：
①应绘制指北针或风玫瑰图，指北针如图2-15所示。
②应注明比例，并绘制比例尺，比例尺示意图如图2-16所示。

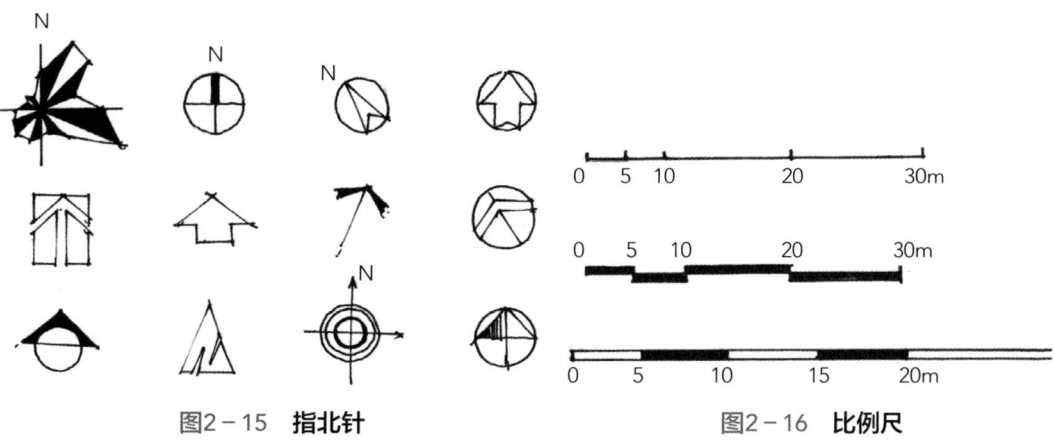

图2-15 指北针　　　　图2-16 比例尺

③应绘制出地形等高线并注明场地内关键内容的标高与名称（标志性的建筑、古树、湖泊、河流等）。

④应绘制出场地外道路及其与周边环境的关系。
⑤应注明用地主次道路入口。
⑥应注明重点建筑物、中心广场等的主次入口。
⑦应注明建筑的高度、层数并绘制出建筑投影、女儿墙投影。
⑧应注意基地内外道路与停车场的位置关系，合理设置转弯半径、人行道。
⑨应书写广场绿地总平面图中必要的文字表示、尺寸标注。
⑩对景观植物的表达要符合常识，应注意比例（包括行道树、景观树）。

七、广场绿地总平面图绘制要点

1. 掌握常用图例

常用图例如表2－8所示。

表2－8 常用图例

名称	图例	说明	名称	图例	说明
新建建筑物	 8 ▲	1.需要时，可用▲表示出入口，可在图形内右上角用点或数字表示层数 2.建筑物外形（一般以±0.000高度处的外墙定位轴线或外墙面线为准）用粗实线表示。需要时，地面以上建筑用中粗实线表示，地面以下建筑用细虚线表示	新建的道路	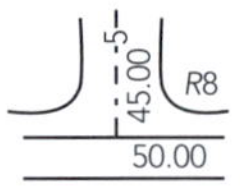	"R8"表示道路转弯半径为8m，"50.00"为路面中心控制点标高，"5"表示5%，为纵向坡度，"45.00"表示变坡点间距离
原有的建筑物	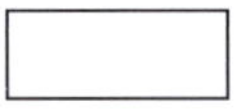	用细实线表示	原有的道路	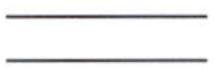	—
计划扩建的预留地或建筑物		用中粗虚线表示	计划扩建的道路	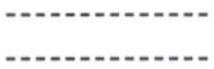	
拆除的建筑物	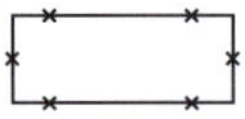	用细实线表示	拆除的道路	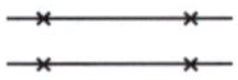	
坐标	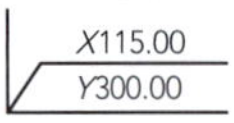 X115.00 Y300.00	表示测量坐标	桥梁		1.上图表示铁路桥，下图表示公路桥 2.用于旱桥时应注明
	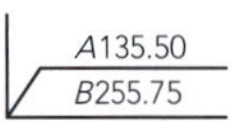 A135.50 B255.75	表示建筑坐标			

续表

名称	图例	说明	名称	图例	说明
围墙及大门		上图表示实体性质的围墙，下图表示通透性质的围墙，如仅表示围墙时不画大门	护坡		1.边坡较长时，可在一端或两端局部表示
			填挖边坡		2.下边线为虚线时，表示填方
台阶		箭头指向表示向下	挡土墙		被挡的土在"突出"的一侧
铺砖场地		—	挡土墙上设围墙		

2. 线条表现

广场绿地总平面图线条表现要区分粗细。其中，用地红线最粗，建筑、道路、水体等轮廓线较粗，铺装、等高线和标注线最细。

3. 图片阴影表现

图片阴影表现应准确、统一，应确保光源方向一致、阴影方向一致，且阴影长度根据物体的高度而变化。阴影应反映规划内容的高差关系，表现出图面层次感。

4. 用地周边环境表现

在广场绿地总平面图中，须表现用地周边环境，但可以适当弱化以突出主次用地周边环境，如周边道路、建筑、河流、湖泊、山体等。

八、广场绿地总平面图表现步骤

广场绿地总平面图表现步骤如下：

①应画出红线、周边保留建筑、主要道路、硬质广场位置、水景位置。

②绘制铺装详图，绘制植物配置图（乔木丛、灌木丛、景观树、行道树）、地形图、停车位平面图。

③应按照一个方向平铺淡色草地，依据铺装形态平铺淡色铺装材料，并沿水岸线自由绘制水面。在上色过程中，应注意适当留白，并以淡色开始上色。

④马克笔上色要点。乔木丛应使用深绿色进行上色；灌木丛应使用暖绿色进行上色；景观树应使用暖色进行上色；行道树内层应使用暖色、外层应使用冷色进行上色。此外，铺装部分需要通过色彩的局部加强以提升整体视觉效果。

● **活动设计**

设计场所：专业教室。

所需工具：A2图纸、画板、针管笔、铅笔、马克笔或彩铅。

活动实施：完成"绘制广场绿地总平面图"活动实施表中的内容，如表2－9所示。

表2－9　"绘制广场绿地总平面图"活动实施表

序号	步骤	操作及说明
1	确定广场位置	按照设计底图确定广场位置
2	绘制广场绿地总平面图	确定广场设计风格；绘制地形等高线；绘制广场景观小品；绘制广场铺装；绘制植物配置；绘制图例
3	色彩表现	根据设计要求对广场绿地总平面图进行色彩表现

职业能力2　绘制广场功能分区图

在大多数的设计工作中，功能分区图就是应用设计草图帮助设计师进行思考的方法。但在园林规划设计工作中，人们往往比较重视正式的设计图以及着重表现最终方案的效果图，而忽视了设计过程中为了帮助思考而描画的设计草图，更谈不上有意识地运用图解的方法进行思考，帮助设计。因此，深入探索和研究图解设计的方法，加强图解设计能力训练，对提高园林设计水平极为有利。

根据总体设计原则、现状图分析和不同使用者的需求，将整个广场划分为几个不同的空间或区域。不同空间或区域既要满足不同的功能要求，确保每个空间的表现形式与其使用功能相适应，同时，各个分区之间又要通过必要联系形成一个统一整体。图解具有示意性，可以用抽象图形或圆圈等加以表示。

● 相关知识

一、图解设计特点

在广场规划设计工作中，图解设计通常与规划设计的构思阶段相联系。图解设计的特点如下。

（一）化繁为简，一目了然

广场规划涉及面广，需要解决的问题较多，而图解设计通过绘制客观且清晰的视觉形象，使设计者能够同时看到大量的信息及其相互间的关系。图解在表示上十分简单，同类事物归在一起表示；与广场关系密切、重要的事物用粗黑线（或点）表示，确保主次分明，使人一目了然。图2－17所示为某广场车库周围空间功能分析图解设计示意图。

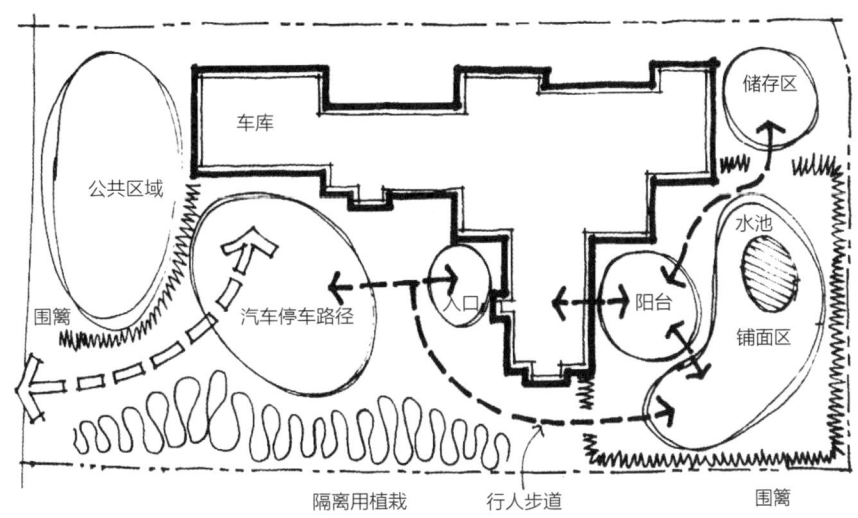

图2-17 某广场车库周围空间功能分析图解设计

（二）自我交流与提高

图解设计过程可以看作是设计者与设计草图之间交流与提高的过程。在交流中，设计者通过眼、脑、手和速写四个环节，对通过交流环的信息进行添加、削减或者变化。信息经多次循环、保留及组合，从而产生新的方案设想。

（三）公众设计、快速简便

由于广场绿地的功能日益增多，技术日益复杂，专业分工也日趋专门化，因此，在实际工作中常常由若干个专业技术人员组成设计小组，分工协作，共同进行广场绿地规划设计工作。为了保证工作效益和质量，小组成员必须始终共享信息和设想。应用图解的方法，将各个人的设想迅速提供给小组其他成员，并将其保留下来作为今后参阅和处理的有效资料。此外，图解有助于排除专业术语所引起的障碍，使不同行业（决策机关、工程建设单位等）的人群能够就规划设计的有关问题进行交流和协商。

二、图解设计技法

（一）图解语言

图解语言包括图像、标记、数字和词汇。图解语言的全部符号及其相互关系被同时加以考虑，对于描述同时存在的关系复杂的问题具有独特的效能。

图解语言与文字语言具有相似的语法规律，由名词、动词和修饰词（形容词、副词和短语）三个基本部分组成。其中，名词代表主体；动词在名词间建立关系；修饰词修饰主体的质或量，或者表示主体间的关系。在图解分析中，主体多以圆圈表示；相互关系常以线条表示；修饰则以线条的变化来表示，并用数字、文字或其他符号进行补充。

（二）图解词汇

1. 基本词汇

①名词（主体）符号。图解设计中，以名词符号表示主体的方法有很多。图2－18所示为名词符号示意图，其中，每一排为一组群。应注意，同一幅图中的名词符号不宜太多，必要时可对基本符号添加数字、文字或使用其他符号进行补充或说明。

②动词（相互关系）符号。与名词符号相同，动词符号中不同的关系可采用不同类型的线条表示。这些线条既可以用来限定组群主体，也可以作为分割一个框图或表达特殊关系的手段。图2－19所示为动词符号示意图。

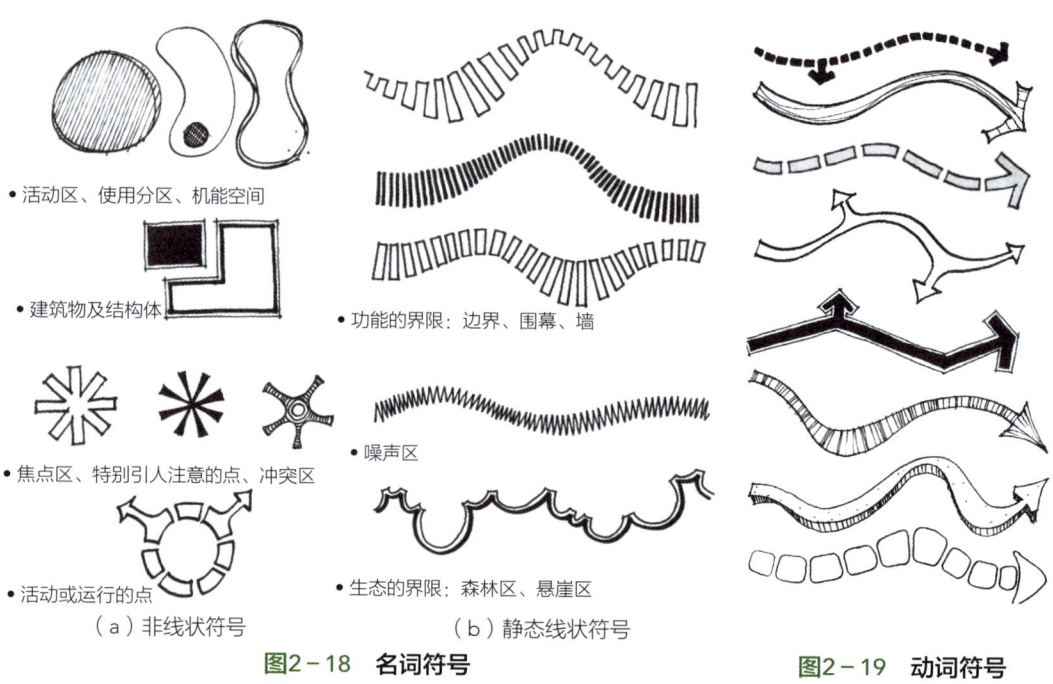

图2－18　名词符号　　　　　　　图2－19　动词符号

在动词符号中，箭头是指示关系的专用符号。作为表示运动的箭头，它具有强制特性，任何环境中的任何运动都会吸引人们的注意，因为运动往往意味着条件的变化，从而就可能引起相应的反应。带线条的箭头指示单向关系、连续的事物或者一个过程；重叠的箭头则可表示框图中的重要部分或者显示依赖关系和补充信息的馈入；双向箭头表示二者相互影响，具有可逆性。

③修饰词。修饰词作为名词和动词的修饰，可以通过线条粗细、数量来显示，同时，明暗对比的强弱和局部的添加也是常用方法。此外，修饰词还可以表示强调，即强调特殊的主体或特殊的关系。修饰词可以分离相互交织的框图或者某一过程中的特殊点、特殊阶段。图2－20所示为修饰词符号示意图。

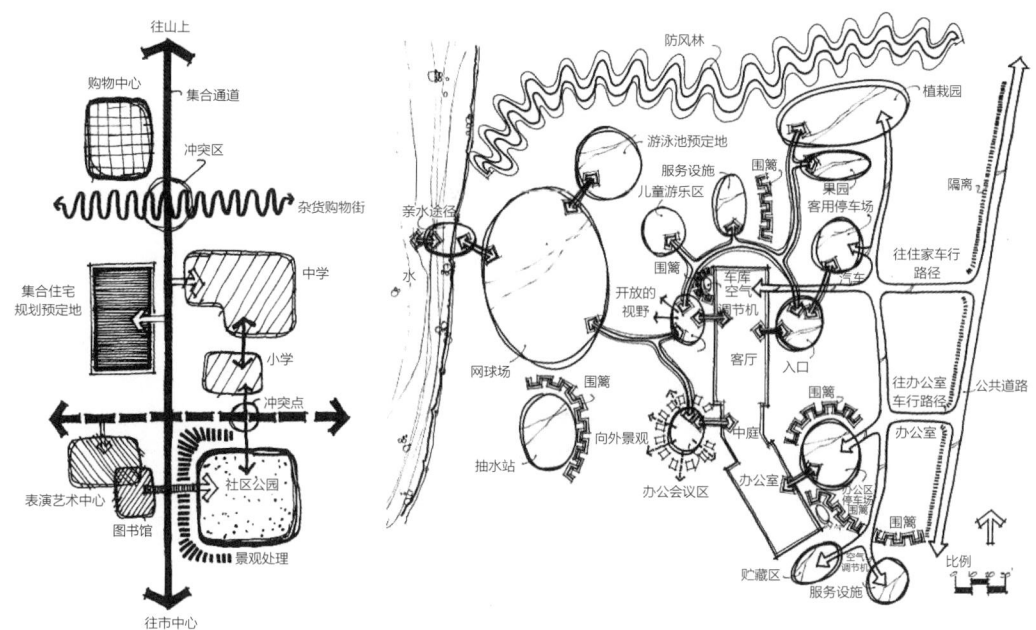

图2-20　修饰词符号

2. 专业词汇

广场绿地规划设计仅使用基本词汇是远远不够的。要表现广场绿地规划尤其是广场绿地设计的具体内容，必须还要运用本行业的专业词汇——园林平面图例。灵活自如地掌握这些专业词汇，能够让设计者将脑海中的创意快速地反映到纸面上，使图解思考与设计同时进行。设计小组的所有成员均应使用同一套园林平面图例。

（三）常用图解设计图

1. 资料分析图

资料分析图是将基址的自然及人文特性依据景观研究分析结果而描画出来的一种图形表达，通常包括基地分析图、景观分析图、绿化现状图以及基地坡度图、水文分析图等。资料分析图可使设计者了解基址的基本情况。

2. 功能关系图

功能关系图又称泡泡图，这种图可以帮助设计者进行思考，快速记下设计者脑海中闪过的灵感。它将抽象的概念以图面的形式表现出来，并利用文字加以标注、说明。此外，利用功能关系图还可以修改最初的方案设想，使方案趋于完善。图2-21所示为某下沉广场功能关系图。

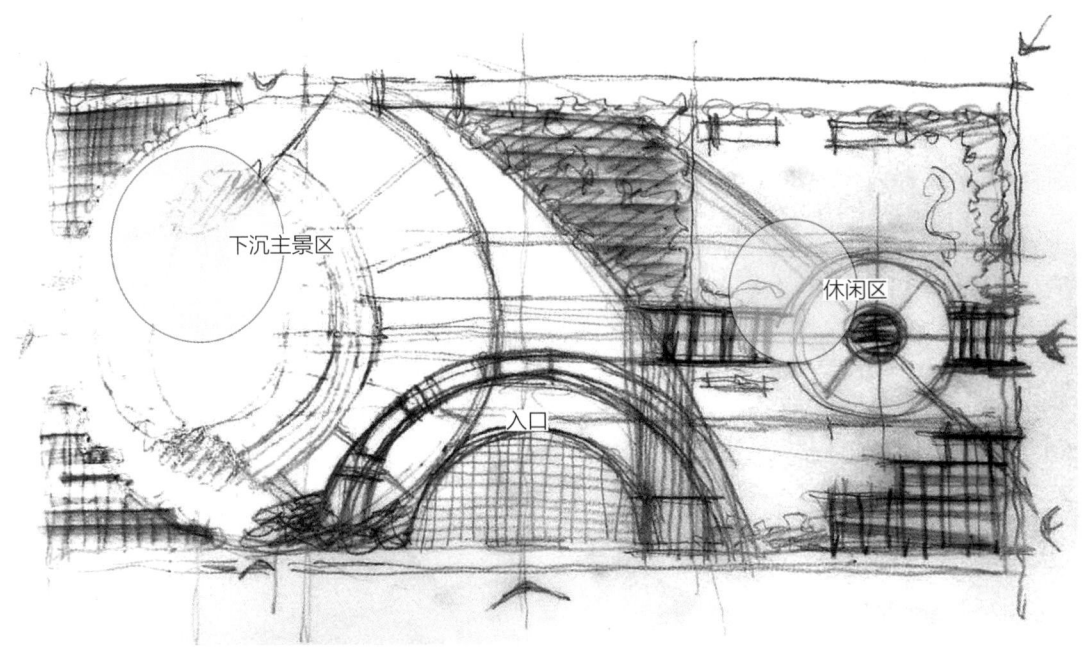

图2-21 某下沉广场功能关系图

3. 方案草图

方案草图是在地形图上将图解内容引进，并运用园林规划设计原理和技巧徒手描画的一种图形表达。绘制方案草图通常有两种形式，即铅笔或针管笔方案草图和彩色方案草图。图2-22所示为铅笔方案草图示意图。

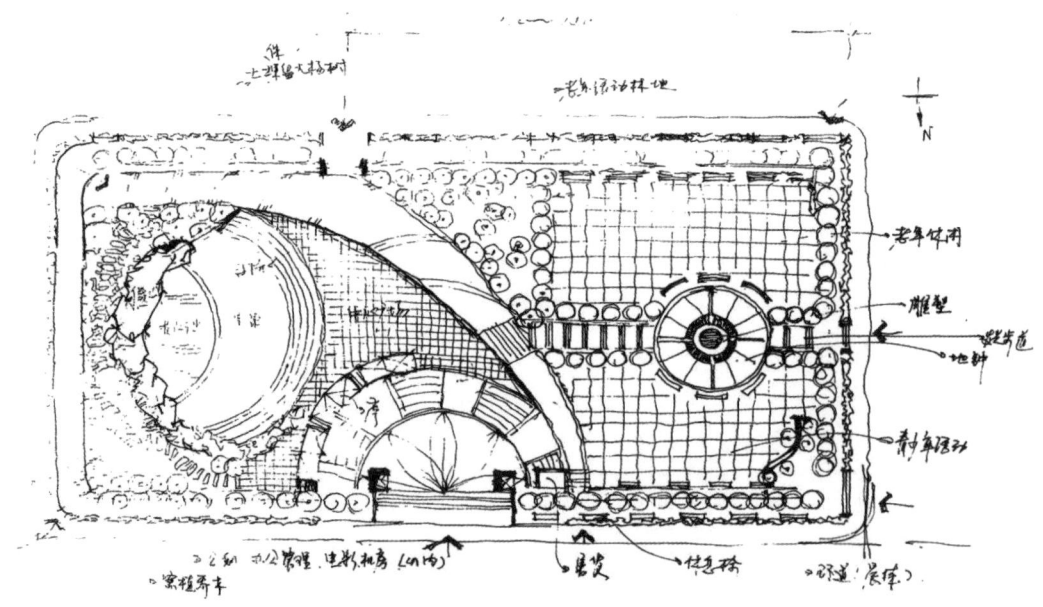

图2-22 铅笔方案草图

活动设计

设计场所：专业教室。

所需工具：A2图纸、画板、针管笔、铅笔、马克笔或彩铅。

活动实施：完成"绘制广场功能分区图"活动实施表中的内容，如表2-10所示。

表2-10 "绘制广场功能分区图"活动实施表

序号	步骤	操作及说明
1	确定功能分区图的范围和目的	首先应明确需要绘制功能分区图的具体范围和目的，例如是为了详细描述整个系统的结构，还是只为了描述某个功能模块的结构
2	确定要绘制的功能模块及其之间的关系	根据需要，确定要绘制的功能模块及其之间的关系。可以通过对系统进行功能分解，将功能分为不同的模块，然后确定它们之间的层次关系
3	确定功能分区图的布局和结构	选择功能分区图的形式
4	绘制功能分区图	首先，将功能分区图的布局在纸上或软件中进行规划，确定每个功能模块所在的位置和大小。然后，将每个功能模块按照层次关系进行连接，形成一个整体的功能分区图
5	添加必要的说明和标记	根据需要，可以在功能分区图中添加必要的说明和标记，例如功能模块的名称、功能描述、模块之间的接口等

职业能力3 绘制广场剖面图及立面图

在空间表现中，剖面图、立面图和平面图共同用于表达形体特征，剖面、立面设计也常常成为景观设计的切入点。其中，立面图展现了周围配景设计，剖面图相对于立面图增加了透视感，能够展示更多的设计细节。它们都是方案展示的一个重要角度。

相关知识

一、剖面图及立面图的画法

对于剖面图，首先，必须了解被剖物体的结构，明确哪些是被剖到的，哪些是看到的，即必须肯定剖切线及看线；其次，想要更好地表达设计成果，就必须选好视线的方向，从而能够全面细致地展现景观空间；此外，应注重层次感的营造，通常通过明暗对比来强调层次感，从而营造出远近不同的感觉；最后，剖面图中的剖切线通常用粗实线表示，看线则用细实线或者虚线表示。

立面图的画法与剖面图画法大致相同，其不同之处在于立面图只画能够看到的部分。

剖面图及立面图的主要目的是清晰展现平面图中方案设计的深度与意图，确保看图者能够直观理解设计师的构思与想法。基于这一核心目标，可以得到剖面图及立面图绘制的基本原则：剖面图及立面图必须与平面图保持高度的一致性。

在绘制剖面图及立面图的过程中，关键步骤之一是准确量取水平距离。若剖切线在总平面图中呈现为水平状态，一个简便的方法是将剖面图及立面图直接置于平面图的下方，并通过垂直拉线的方式，利用直尺确定其水平位置。

在实际操作中，我们可能会遇到平面与立面比例尺不一致的情况，例如，平面比例尺为1∶1000，而立面比例尺为1∶5000或更大。此时，上述直接对齐的方法便不再适用。针对这种情况，可以采用相似三角形原理进行绘制，以确保剖面图及立面图既能准确反映设计细节，又能与平面图保持逻辑上的一致。

二、剖面图及立面图的特点

剖面图及立面图的特点如下：

①有地势落差的地方，剖面图及立面图通常都能反映竖向设计（包括微地形物）。

②以园林小品或建筑物、构筑物为中心，进行特定空间的剖、立面场景表达。

③立面图主要绘制物体的表现材质；剖面图则须绘制物体内部的受力结构。

④当看到一面景观墙时，其外在材质均被清晰呈现，则它可能是一张立面图，也可能是被剖物体或是从后面空间中被看到的物体。

三、剖面图及立面图中的林冠线设计和背景植物的取舍

1. 林冠线设计

林冠线是指在剖面图及立面图中所有植物的外轮廓线连接成一条动态曲线。当动态曲线展现出较大的波折与落差变化时，它所表达的剖面图及立面图就相对越丰富并越吸引人。反之，若动态曲线变化平缓、落差较小，则其表达的剖面图及立面图就越平淡乏味。

2. 背景植物的取舍

在剖面图及立面图中，只要有利于特定空间氛围营造的背景植物，就取，反之则舍。若背景植物较多，包括灌木丛、群植乔木、散植乔木等，此时，应对这些植物进行筛选，确保呈现广场剖面及立面的设计特点。

项目二　广场绿地设计

● **活动设计**

设计场所：专业教室。

所需工具：A2图纸、画板、针管笔、铅笔、马克笔或彩铅。

活动实施：完成"绘制广场剖面图及立面图"活动实施表中的内容，如表2-11所示。

表2-11　"绘制广场剖面图及立面图"活动实施表

序号	步骤	操作及说明
1	分析图纸、定位	确定广场剖面的位置和高度，选择合适的剖切线，并确定剖面的深度和宽度
2	确定元素和细节	根据广场的实际情况，确定需要表示的元素和细节，例如地面铺装、绿化、设施、建筑等
3	绘制剖切线	使用AutoCAD或其他绘图软件，绘制剖切线，并根据需要添加细节和元素
4	添加必要的说明和标记	根据需要添加标注、文字和图例，以解释和说明剖面图中的元素和细节
5	色彩表现	选择合适的表现方法进行色彩表现

职业能力4　绘制广场绿地局部效果图

广场绿地局部效果图包括主要景点规划、园路及铺装规划、植物种植规划、园林小品规划等，需要绘制相应的平面图、立面图、效果图、大样图等。根据设计，完成广场绿地局部规划表，如表2-12所示。

表2-12　_____广场绿地局部规划表

序号	规划内容	主要依据	绘图比例	图纸表现方法
1	主要景点			
2	种植设计			
3	园林小品			
4	园路及铺装规划			

相关知识

一、广场植物配置的艺术手法

绿色空间是城市生态环境的基本空间之一，它使人们能够重新认识大自然，拥护大自然，以补偿工业化时代和高密度开发对环境的伤害。因此，任何一个广场的设计，都应当有一定的绿色空间，而且应尽可能使绿化面积多一些。对于火车站、汽车站站前广场以及影剧院、体育馆前广场等专供集散用的广场，绿化面积也不能低于10%。现代城市寸土寸金，应充分发挥绿化作为城市空间柔化剂的作用，使植物材料成为城市广场建设的主力军。

在广场绿化的设计手法上，在广场与道路的相邻处，可利用乔木、灌木或花坛起分隔作用，减少噪声、交通对人们的干扰，保持空间的完整性；还可利用绿化对广场空间进行划分，形成不同功能的活动空间，满足人们的需要。同时，由于我国地域辽阔，气候差异大，不同的气候特点对人们的日常生活产生的影响较大，造就了特定的城市环境形象和品质。因此，广场中的绿化布置应因地制宜，根据各地的气候、土壤等不同情况采用不同的设计手法。例如，在天气炎热、太阳照射强的南方，广场应多种植能够遮阳的乔木，辅以其他的观赏树种；北方则可以用大片草坪铺装，适当点缀其他绿化。另外，可利用高低不同、形状各异的绿化构成多种多样的景观，使广场环境的空间层次更为丰富，风格得到应有的烘托。还可以利用绿化本身的内涵，既起陪衬、烘托主题的作用，又可成为主体控制整个空间。

广场植物配置的艺术手法包括对比和衬托，韵律、节奏和层次，色彩和季相。

1. 对比和衬托

对比和衬托是指运用植物不同形态特征（高低姿态、叶形叶色、花形花色等）的对比手法，配合广场建筑其他要素整体地表达出一定的构思和意境，如图2-23所示。

2. 韵律、节奏和层次

韵律、节奏和层次是指广场植物配置的形式组合应注重韵律和节奏感的表现，同时应注重植物配置的层次关系，尽量求得既要有变化又要有统一的效果，如图2-24所示。

3. 色彩和季相

色彩和季相分为色彩、季相两方面，如图2-25所示。植物的叶、花、果色彩丰富，可采用单色表现和多色组合表现，使广场植物色彩搭配取得良好图案化效果；应根据植物四季季相，尤其是春、秋的季相，处理好不同季节植物色彩的变化，从而产生具有时令特色的艺术效果。

图2-23 对比和衬托

图2-24 韵律、节奏和层次

（a）色彩

（b）季相

图2-25 色彩和季相

　　城市广场是为满足多种城市社会生活需要而建设的，以建筑、道路、山水、地形等围合，由多种软、硬质景观构成的，采用步行交通手段，具有一定的主题思想和规模的结合型城市户外公共活动空间。它集中表现了城市的面貌，有时可成为一个城市或国家的象征。城市广场绿地是城市广场的软质景观，是城市空间的柔化剂。因此，搞好城市广场绿化设计具有重要意义。

二、广场绿地种植基本形式

1. 排列式种植

　　排列式种植属于整形式。其布置位置多在广场周围、长条形地带、雕塑背景处，常用于隔离或遮挡，或作为背景，如图2-26所示。

(a)　　　　　　　　　　　　　　　(b)

图2-26　排列式种植

2. 集团式种植

集团式种植是指为避免成排种植的单调感，把几种树组成一个树丛，有规律地排列在一定的地段上，如图2-27所示。这种形式具有丰富、浑厚的效果，排列整齐时远看很壮观，近看又很细腻。采用这种形式，可用草本花卉和灌木组成树丛，也可用不同的灌木或乔木和灌木组成树丛。

(a)　　　　　　　　　　　　　　　(b)

图2-27　集团式种植

3. 自然式种植

自然式种植是指在一定地段内，花木种植不受统一株、行距限制，而是疏落有序地布置，从不同角度望去会有不同的景致，如图2-28所示。

（a）  （b）

（c）  （d）

图2-28 自然式种植

4. 花坛（图案）式种植

花坛（图案）式种植是指通过花、草、整形树木等材料构成各种图案的种植形式，如图2-29所示。

（a） （b）

（c）  （d）

（e）  （f）

图2-29 花坛（图案）式种植

三、广场色彩运用的艺术手法

　　色彩是表现城市广场空间风格和环境气氛并创造良好空间效果的重要手段之一。一个有良好色彩处理的广场，将给人带来无限的欢快与愉悦。例如，商业性广场及休息性广场可选用较为温暖而热烈的色调，使广场产生活跃与热闹的气氛，加强广场的商业性和生活性；而在纪念性广场中则不能有过分强烈的色彩，否则会冲淡广场的严肃气氛。

　　如图2-30所示，南京中山陵纪念广场建筑群采用蓝色屋面、白色墙体、灰色铺地和牌坊梁柱，建筑群以大片绿色的紫金山作为背景衬托。这一空间色

图2-30 南京中山陵纪念广场色彩设计

彩处理既突出了肃穆、庄重的纪念性环境的风格，又创造了明快、典雅、亲切的氛围。由此可见，色彩处理得当可使空间获得和谐、统一的效果。

在广场色彩设计中，合理搭配、协调众多的色彩元素至关重要，以免造成广场色彩混乱，失去其艺术性。例如，在灰色调的广场中配置红色构筑物或雕像，可以在深沉的氛围中增添一抹灵动与活力；在白色基调的广场中配置绿色的草地，将会使广场典雅而富有生气。值得注意的是，每个广场本身色彩不能过于繁杂，应有一个统一的主色调，并配以适当的其他色彩点缀，从而在统一的基调中达到和谐，形成特色。切忌广场色彩众多而无主题。

图2-31和图2-32所示分别为日内瓦新广场和曲靖珠江源广场色彩设计。

图2-31　日内瓦新广场色彩设计

图2-32　曲靖珠江源广场色彩设计

四、广场水体运用的艺术手法

水体在广场空间中是观赏的重点，它的静止、流动、喷发、跌落均构成引人注目的景观。因此，水体常常在闲静的广场上创造出跳动、欢乐的景象，成为生命的欢乐之源。在处理广场空间中的水体时，可以考虑水体的静态与动态特性。静止的水面能够映出物体的倒影，可使空间显得格外深远，特别是夜间照明的倒影，在效果上使空间倍加开阔。动态的水体包括流水及喷水，流水可在视觉上保持空间的联系，同时又能划定空间与空间的界限；喷水能够丰富广场的空间层次，活跃广场气氛。

水体在广场空间设计中的作用和地位如下：

①作为广场主题。水体占据广场的相当部分，其他一切设施均围绕水体展开。

②作为局部主题。水体只成为广场局部空间领域内的主体，成为该局部空间的主题。

③发挥辅助、点缀作用。可通过水体来引导或传达某种信息。

在设计过程中，应先根据实际情况确定水体在整个广场空间环境中的作用和地位，然后再着手进行设计，以确保达到预期效果。

图2-33至图2-35所示分别为凡尔赛宫苑、巴黎卢浮宫广场及上海世博会法国馆水体设计。

（a）

（b）

图2-33　凡尔赛宫苑水体设计

图2-34　巴黎卢浮宫广场水体设计

图2-35　上海世博会法国馆水体设计

五、广场地面铺装运用的艺术手法

广场地面铺装运用的艺术手法包括以下几种。

1. 规范图案重复使用

规范图案重复使用是指采用某一标准图案进行重复使用，这种方法有时可取得一定的艺术效果。其中，方格网式图案是应用最为简便的一种形式，这种铺装设计虽然施工方便、造价较低，但在面积较大的广场中也会产生单调感。为了解决这一问题，可适当插入其他图案，或利用小型重复图案重新组合形成较大的图案，使铺装图案更加丰富。

图2-36和图2-37所示分别为大连星海广场及扬州个园广场规范图案重复使用设计。

图2-36 大连星海广场规范图案重复使用设计

图2-37 扬州个园广场规范图案重复使用设计

2. 整体图案设计

整体图案设计是指将整个广场作为一个整体进行整体性图案设计。将广场铺装设计成一个大的整体图案，能够取得较佳的艺术效果，并易于统一广场的各要素及求得广场空间感。

图2-38至图2-40所示分别为成都天府广场、日本筑波中心广场及大连星海广场整体图案设计。

图2-38 成都天府广场整体图案设计

图2-39 日本筑波中心广场整体图案设计

图2-40 大连星海广场整体图案设计

3. 广场边缘的铺装处理

广场空间与其他空间的边界处理十分重要。在设计中，广场与其他地界，如人行道的交界处，应有较明显的区分，这样可使广场空间更为完整，人们也会对广场图案产生认同感。反之，如果广场边缘不清，尤其是广场与道路相邻时，将会令人产生分不清到底是道路还是广场的混乱与模糊感。

4. 广场铺装图案的多样化

单调的图案难以吸引人们的注意力，过于复杂的图案则会使人们的视觉系统负荷过重而停止对其进行观赏。因而广场铺装图案应多样化，给人们以更多的美感，同时，追求过多的图案变化也是不可取的，会使人眼花缭乱而产生视觉疲倦，从而降低了观赏的注意力与兴趣。

合理选择和组合铺装材料也是保证广场地面效果的主要因素之一。

六、广场建筑小品运用的艺术手法

建筑小品设计，首先应与整体空间环境相协调，在选题、造型、位置、尺度、色彩上均应纳入广场环境加以权衡，既要以广场为依托，又要有鲜明的形象，能从背景中突出；其次，小品应体现生活性、趣味性、观赏性，不必追求庄重、严谨、对称的格调，可以寓乐于形，使人感到轻松、自然、愉快；另外，小品设计宜求精，不宜求多，体量要适度。

在广场空间环境众多建筑小品中，街灯和雕塑所占的分量越来越重。

如图 2-41 所示，街灯不仅为市民在夜间活动提供方便，而且是形成广场夜景甚至城市夜景的重要因素。因此，广场环境中必须设置街灯，或有此类功能的设施。在设计上应注意白天和夜晚街灯景观的不同，在夜间必须考虑街灯发光部的形态以及多数街灯发光部形成的连续性景观，在白天则必须考虑发光部的支座部分形态与周围景观的协调对比关系。

(a)   (b)

图 2-41 广场上的街灯

随着时代的进步和社会文明的发展，现代雕塑向着大众化、生活化、人性化、多功能化和多样化方向发展，赋予了广场空间精神内涵和艺术魅力，已成为广场空间环境的重要组成内容之一。广场中的雕塑设计应注意以下几点：

①雕塑是供人们进行多方位视觉观赏的空间造型艺术。其形象是否能够直接从背景中显露出来，进入人们的眼帘，将影响其观赏效果。如果背景混杂或受到遮蔽，雕塑便失去了识别性和象征性的特点。

②雕塑总是置于一定的广场空间环境中，它与环境的尺度对比会影响到雕塑的艺术效果。雕塑通常通过具体形象或象征手法表达一定主题，如果不与特定的环境发生一定的联系，则不易唤起人们普遍的认同，容易显得孤立无依。

③一般而言，一座雕塑总有主要观赏面和次要观赏面，很难在16个方位角都具有同质的形态，但在具体设计时，应尽可能地为人们多方位观赏提供良好的造型。

总之，一件完美的雕塑作品不仅能够依靠自身的形态使广场具有明显的个性特征，增添了广场的活力和凝聚力，而且对整体空间环境起到了烘托、控制的作用。

雕塑的分类多种多样，包括人物主题雕塑、体育主题雕塑、建筑主题雕塑、石刻小品、植物小品以及其他雕塑小品，如图2-42至图2-47所示。

（a）大庆高速公路休息区广场雕塑

（b）大庆铁人纪念馆广场雕塑

图2-42 人物主题雕塑

（a）瑞士洛桑奥林匹克公园雕塑（一）

（b）瑞士洛桑奥林匹克公园雕塑（二）

图2-43 体育主题雕塑

（a）巴黎凯旋门广场雕塑　　　　　　　　　（b）居民区休闲广场雕塑

图2-44　建筑主题雕塑

（a）牡丹江镜泊湖吊水楼瀑布石刻　　　　　（b）牡丹江北山公园石刻

图2-45　石刻小品

（a）　　　　　　　　　　　　　　　　　（b）

（c）　　　　　　　　　　　　　　　　　（d）

图2-46　植物小品

（a）

（b）

（c）

图2-47　其他雕塑小品

活动设计

设计场所：专业教室。

所需工具：A2图纸、画板、针管笔、铅笔、马克笔或彩铅。

活动实施：完成"绘制广场绿地局部效果图"活动实施表中的内容，如表2-13所示。

表2-13　"绘制广场绿地局部效果图"活动实施表

序号	步骤	操作及说明
1	前期准备	了解项目需求、明确设计主题、搜集相关资料等
2	确定元素和细节	画出广场的轮廓和主要元素，如建筑物、植物、道路等。该步骤主要是为了确定构图和比例
3	勾勒空间界面	根据视平线的高度（视平线决定了画面的视角），勾勒出广场的硬质结构部分，如地面、墙壁等。同时，也要预留出植物等配景的位置
4	刻画细节	对地面铺装形式、投影等细节进行刻画
5	色彩表现	根据画面需要，给不同的元素上色。对于硬质结构部分，可以简单表达其固有色；对于植物，可以采用分层设色的方法进行上色；对于天空，可采用留白处理

职业能力5　绘制广场景观小品效果图

景观小品是景观中的点睛之笔，一般体量较小、色彩单纯，对空间起点缀作用。室外景观小品很多时候特指公共艺术品，包括雕塑、壁画、艺术装置、座椅、电话亭、指示牌、灯具、垃圾箱、健身及游戏设施、建筑门窗装饰等。

● 相关知识

一、景观小品的设计原则

1. 功能满足

景观小品设计时应考虑功能因素，无论是在实用性还是在精神层面，都应满足人们的需求。尤其对于公共设施的艺术设计，其功能设计更为重要，应以人为本，满足各种人群的需求，特别是残疾人的特殊需求，体现人文关怀。

2. 个性特色

景观小品设计必须具有个性，它不仅指设计师的个性，更包括该景观小品对其所处区域环境的历史文化和时代特色的反映。应吸取当地的艺术语言符号，采用当地的材料和制作工艺，产生具有一定本土意识的环境艺术品设计。

3. 生态原则

一方面，应考虑节约节能，采用可再生材料制作景观小品；另一方面，在作品的设计思想上应引导并加强人们的生态保护观念。

4. 情感归宿

景观小品不仅给人视觉上的美感，而且具有深远的意义。好的景观小品注重地方传统，强调历史文脉，饱含记忆、想象、体验和价值等因素，通常能够构成独特的、引人入胜的意境，使观赏者产生美好的联想，成为室外环境建设中的一个情感节点。

二、景观小品的分类

按照功能的不同，景观小品的分类如表2-14所示。

表2-14　景观小品的分类

序号	类型	特征
1	休息类	为游客提供休息的各种小品设施，包括各种类型的靠背椅、凳、桌和遮阳的伞或罩等
2	装饰类	对景观环境起装饰作用的小品设施，如花盆、花坛、树池、旗杆、雕塑等

续表

序号	类型	特征
3	照明类	主要为了方便游人夜行，渲染景区效果，如路灯、草坪灯、水下灯以及各种装饰灯具和照明器具等
4	信息类	为游客提供诸如名称、环境、导向、警告、时间、事件等各类信息的小品设施，如导游图、指路牌等
5	服务类	为游客提供服务的各类小品设施，如垃圾箱、电话亭、饮水泉、洗手池等
6	游乐设施类	供游客娱乐的各种设施，如秋千、滑梯、跷跷板等

三、景观小品的设计要点

1. 巧于立意

景观小品的设计，不仅要追求形式美，还要具有深刻的内涵。

2. 造型新颖

景观小品具有浓厚的工艺美术特点，因此一定要突出特色，力求造型新颖，以充分体现其艺术价值。

3. 人工与自然融于一体

作为装饰小品，景观小品的人工雕琢难以避免，而将人工与自然融于一体，则是设计者的匠心所在。

4. 体量合适

景观小品一般在体量上力求精巧，不可喧宾夺主，失去分寸。例如，在大型广场中可设置巨型灯具，以起到明灯高照的效果；而在小庭院、林荫曲径旁，则只适合放置小型园灯，不但体量要小，而且造型应更加精致。此外，喷泉、花台的大小均应根据其所处的空间大小确定。

5. 功能与技术相符

景观小品除满足艺术造型美观要求外，还应符合实用功能及技术的要求。例如，园林栏杆的高度应根据使用目的不同而有所变化；园林座凳应符合游人休息的尺度要求；园墙则应根据围护要求确定其高度及其他技术要求。

6. 地域民族风格浓厚

景观小品应充分考虑地域特征和社会文化特征，其形式应与当地自然景观和人文景观相协调，尤其在旅游城市，建设新的园林景观时，更应注意这一点。

四、景观小品设计基本程序和方法

景观小品设计不仅是一个空间环境的创造，更是一个艺术品的创新。一个好的景观小品必须具备良好的构思及独特的风格。在设计构思过程中，既要考虑使用的功能性、经济性、艺术性和坚固性，还要考虑创新和特色。

进行景观小品设计前，应按照设计任务书踏勘现场，了解整个环境的性质和主题，对施工过程中所存在或可能发生的问题事先做好整体构思，拟定解决问题的多种方案及建议，然后用图纸和文件将其表达出来，作为备料、施工组织、人员安排的依据。在预定额范围内，建成一个大家满意的作品。

为了确保景观小品设计的顺利进行，必须遵循科学的程序，根据设计规律，从整体到局部。具体程序如下：

①与投资方、业主接触，了解设计目的。
②有针对性地搜集相关设计资料。
③构思、绘制草图，与团队成员进行讨论。
④确定初步方案和技术设计，与业主进行讨论。
⑤绘制施工图和详图。

● 活动设计

设计场所：专业教室。
所需工具：A2图纸、画板、针管笔、铅笔、马克笔或彩铅。
活动实施：完成"绘制广场景观小品效果图"活动实施表中的内容，如表2-15所示。

表2-15 "绘制广场景观小品效果图"活动实施表

序号	步骤	操作及说明
1	前期准备	检查线稿透视是否准确，结构是否清楚完整
2	视觉主体上色	主体上色时应注意虚实处理关系，适当重里轻外，有的遮挡物应注意背景虚化，形成前后对比，拉开空间关系
3	配景上色	远景关系应适当拉开，近处的植物应用暖色处理，远处的植物应用冷色处理，同时应注意配景不能太抢主景的风头。配景的深度与主景几乎相同时（即画面感很平均），可不必对配景做进一步加深
4	点睛收尾	主要为了更好地表现出主景，使画面整体富有空间立体感，主要处理方法包括加深阴影关系，用更深颜色的笔甚至直接用黑色处理阴影，但应注意不可涂得太死；善用补色、亮色，较好地解决画面过于单调的问题；适当用彩铅提升整体质感

任务四　编制设计说明书

职业能力　搜集整理行业标准和国家规范并编制设计说明书

进行广场绿地设计时，为了更全面、系统且准确地表达设计者的设计构思，各阶段布置内容的设计意图、经济技术指标、工程安排以及设计图上难以表达清楚的内容等，必须用图表及文字的形式进行描述、说明，使广场绿地规划设计的内容更加完善。

进行广场绿地设计时，应参考相关行业标准和国家规范，通过系统学习，做到自觉遵守、履行道德准则和行为规范等。

● 相关知识

广场绿地设计说明书主要是为了说明规划设计意图，主要包括以下内容：
①位置、范围、面积、现状、设计依据。
②工程性质、设计原则。
③功能分区或景区、景点构思。
④构成要素规划（出入口、地形山水、道路广场、园林小品、建筑布局、种植规划、管线、电气规划等）。
⑤面积比例（用地平衡表）。
⑥管理机构和人员编制。
⑦分期建园计划。
⑧其他。

上述所列内容比较齐全，具体应用时，不同规模、性质和要求的园林工程中的广场绿地设计，所需的内容也不尽相同。目前，一些较为简单的广场绿地设计，可能只需要一张总体规划方案图及简要说明。具体出图项目和说明内容，应根据需要而定。

● 活动设计

设计场所：专业教室。
所需工具：A2图纸、笔。
活动实施：完成"搜集整理行业标准和国家规范并编制设计说明书"活动实施表中的内容，如表2-16所示。

表2-16 "搜集整理行业标准和国家规范并编制设计说明书"活动实施表

序号	步骤	操作及说明
1	项目概述	对广场进行全面设计和规划，涵盖场地规划、景观设计、设施配置、空间布局、文化元素、安全考虑以及生态环保等多个方面，旨在打造一个功能齐全、环境优美、富有文化底蕴的公共空间
2	场地规划	位置与边界：根据城市规划要求和广场的使用需求，确定广场的位置和边界 交通组织：合理规划广场周边的交通流线，设置合适的出入口和停车区域 地面铺装：选择耐磨、防滑、易清洁的铺装材料，确保广场地面质量
3	景观设计	绿化植被：选用本地植物品种，设计层次丰富、色彩和谐的绿化景观 雕塑与小品：根据广场主题，设置具有艺术价值的雕塑和小品 灯光照明：布置合适的灯光设施，提升广场夜间视觉效果
4	设施配置	公共座椅：合理布置公共座椅，满足市民休憩需求 垃圾桶：在广场各处设置垃圾桶，保持环境整洁 服务设施：根据需要配置洗手间、售货亭等便民服务设施
5	空间布局	功能分区：根据广场的不同用途，将其划分为休闲区、活动区、观赏区等 流线组织：合理规划人流、车流、物流等各种流线，确保安全与便捷 空间层次：通过不同高度的地形设计，营造丰富的空间层次感
6	文化元素	历史传承：挖掘当地历史文化，将其融入广场设计 文化活动：结合广场主题，策划各类文化活动 标识系统：设置具有文化内涵的标识牌，提升广场的文化品质
7	安全考虑	紧急疏散：规划紧急疏散通道，确保在突发事件中人员能够迅速撤离 监控系统：在广场关键位置设置监控设备，提高安全保障能力

评价反馈

（1）组间展示工作成果，学生讨论，教师检查工作成果。

（2）教师与学生一起评价工作成果。

（3）教师总结方案设计中出现的问题，并给出解决意见。师生共同总结重要知识点。

（4）完成图纸检查表、工作任务检查表、考核标准及考核成绩表，分别如表2-17至表2-20所示。

表2-17 图纸检查表

序号	项目与技术要求	分值	检查标准	实测记录	备注
1	立意构思	20分	能够结合周围环境特点，进行设计的立意构思，并能做到设计新颖、巧妙		
2	树种选择	20分	能够根据城市广场绿化的环境特点，在保证安全性和景观性的前提下，合理地进行树种选择		
3	方案的可实施性	20分	广场绿地方案设计能够满足不同使用者的视觉要求和使用要求		
4	方案的景观性	20分	广场绿地绿化设计富有时代气息，景观效果好		
5	设计图表现	20分	设计图样能够准确表达设计构思，符合制图规范，图面整洁		

表2-18 工作任务检查表

序号	评价项目	工作任务完成情况	签名
1	图纸、文本文件完成情况		
2	独立完成的任务		
3	小组合作完成的任务		
4	教师指导下完成的任务		

表2-19 考核标准

序号	考核项目	分值	考核标准	得分	备注
1	学习态度与参与程度	10分	组员均能积极参与学习活动，献计献策，发表意见		
2	学习作品质量	35分	设计方案能够满足设计要求，符合设计规范，图纸质量好，植物图例表现准确，比例合理，设计说明书阐述清晰明了		
3	作品展示、交流	5分	认真向其他组学习，讲解本组设计意图		
4	表达能力	5分	口语表述清楚、流利，言简意赅		
5	答辩能力	5分	准确解答提问者的问题，态度诚恳		
6	资料搜集、统计、分析能力	5分	资料翔实、有用，统计准确，分析明了		

续表

序号	考核项目	分值	考核标准	得分	备注
7	小组合作	5分	以小组集体利益为先,能够尊重他人意见,成员关系和谐		
8	工作程序	5分	简明有效		
9	学习、工作的独立性	10分	本小组独立设计工作方案,完成立地类型表的编制,独立解决遇到的问题		
10	外语能力	5分	准确使用相关英语术语		
11	环境意识	5分	保持教室卫生,不得大声喧哗		
12	遵守纪律	5分	按时上下课,自觉维护课堂秩序		
	合计	100分			

表2-20 考核成绩表

序号	考核项目		分值	学生自评（20%）	学生互评（20%）	教师评价（60%）	总分	备注
1	课内综合项目考核（70分）	学习态度与参与程度	10分					
		学习作品质量	35分					
		作品展示、交流	5分					
		表达能力	5分					
		答辩能力	5分					
		资料搜集、统计、分析能力	5分					
		小组合作	5分					
2	素质目标成绩评定标准（30分）	工作程序	5分					
		学习、工作的独立性	10分					
		外语能力	5分					
		环境意识	5分					
		遵守纪律	5分					
	合计		100分					

项目三　滨水绿地设计

● **知识目标**

（1）能够掌握滨水绿地的概念和基本特点。
（2）能够掌握滨水绿地的规划布置方法。
（3）能够掌握滨水绿地的设计原则。
（4）能够掌握滨水绿地的设计内容。

● **技能目标**

（1）能够对滨水绿地进行现场勘察、测量并进行场地环境分析。
（2）能够明确滨水绿地的性质及服务对象并确定中心设计思想。
（3）能够确定滨水绿地的设计形式并完成滨水绿地景观扩初设计。
（4）能够编制设计说明书。

● **素养目标**

（1）培养资料搜集、分析与评价的能力。
（2）培养按照制图规范及标准制图的能力。
（3）培养创意构思、图纸表达的能力。
（4）培养团队合作意识。
（5）培养表述与合理答辩的能力。

任务一　滨水绿地现状调研

职业能力　滨水绿地资料记录与分析

设计前，应进行实地勘察并填写滨水绿地现场勘察、调查表，如表3-1所示。

表3-1　＿＿＿＿＿＿＿＿滨水绿地现场勘察、调查表

序号	勘察、调查对象		详情记录	备注
1	自然条件	气象条件		
		地形条件		
		土壤条件		
		水系条件		
2	社会条件	交通		
		现有设施		
		工农业生产情况		
		城市历史、人文资源		
3	设计条件	现场树木情况		
		现场的建筑		
		可利用、可借景的景物		
		不利或影响的物体		

在滨水绿地总体规划设计时，应由甲方提供以下图样资料：

①地形图。根据面积大小提供1∶2000、1∶1000或1∶500园址范围内总平面地形图。

②建筑物的平面图、立面图。平面图注明室内、室外标高，立面图标明建筑物的尺寸、颜色、材质等内容。

③现状植物分布位置图（比例为1∶500左右）。主要标明要保留林木的位置，并注明品种、胸径、生长状况。

④地下管线图。地下管线图内包括要保留的给水、雨水、污水、电信、电力、散热器沟、煤气、热力等管线位置以及井位等，提供相应剖面图，并需要注明管径大小、管底及管顶标高、压力、坡度等。

相关知识

一、滨水绿地设计需要搜集的资料

进行滨水绿地设计前，业主方会选派熟悉基地情况的人员，陪同设计师到现场踏勘，搜集规划设计前必须掌握的资料。

1. 自然环境调查

自然环境调查主要包括滨水绿地所在地周围的自然环境以及水域环境的调查。

2. 社会环境调查

对滨水绿地所在地的历史、人文、社会、风俗习惯等基本情况进行调查。通过对社会环境的调查，了解当地的风俗习惯、文化传统等因素，以便为后期的设计构思提供素材。

3. 设计条件或绿地现状调查

设计条件或绿地现状调查的目的是了解绿化用地范围内的现状条件，包括原有建筑、植被、地形等情况。

4. 建设单位调查

在对园址及其环境条件进行分类调查以及设计用图准备就绪后，设计者应对建设单位的要求和希望进行详细了解，以便在设计方案中合理反映建设单位的期望和需求。其调查方法包括与建设单位领导及员工进行座谈、讨论或以书面形式征求意见。同时，还应了解建设单位的性质和历史情况；了解建设单位的养护管理能力、技术力量和施工机械状况等。

二、滨水绿地的概念

滨水绿地是城市的生态绿廊，具有生态效益和美化功能。滨水绿地多利用河、湖、海等水系沿岸用地，多呈带状分布，形成城市的滨水绿带，如图3-1所示。

（a）

（b）

图3-1 城市滨水绿带

三、城市滨水区类型与特点

（一）城市滨水区的类型

1. 临海城市中的滨海绿地

在一些临海城市中，海岸线常常延伸到城市的中心地带。由于岸线的沙滩、礁石和海浪都具有相当的景观价值，所以滨海地带往往被辟为带状的城市公园。此类绿地宽度较大，除了一般的景观绿化、游憩、散步道路之外，里面有时还设置一些与水有关的运动设施，如海滨浴场、游船码头、划艇俱乐部等。此类滨海绿地在大连、青岛、厦门等城市中运用较为普遍。

2. 面湖城市中的滨湖绿地

我国有许多城市滨湖而建，如浙江杭州。这类城市位于湖泊的一侧，甚至将整个湖泊或湖泊的一部分围入城市之中，使得城区拥有较长的岸线。虽然滨湖绿地有时也可以达到与滨海绿地相当的规模，但由于湖泊的景致较大海更为柔美，因此绿地的设计也应有所区别。

3. 临江城市中的滨江绿地

大江大河的沿岸通常是城市发展的理想之地，由于江河交通、运输的便利性，人们往往倾向于在沿江河地段建设港口、码头以及运输需求的工厂企业。随着城市的发展，为了提高城市环境质量，许多城市已开始逐步将原有的工业设施迁往远郊，将紧邻市中心的沿江河地段开辟为休闲游憩的绿地。因江河的景观变化不大，此类绿地往往更应关注与相邻街道、建筑的协调。此类滨江绿地在上海、天津、广州等城市中运用较为普遍。

4. 贯穿城市的滨河绿地

我国东南沿海地区河湖纵横，过去许多中心城镇大多由位于河道交汇点的集市逐步发展而来，于是城内常有一条或几条河流贯穿而过，形成市河。随着城市的发展，有些城市为拓宽道路而将临河建筑拆除，河边用林荫绿带予以点缀。而在城市扩张过程中，原处于郊外的河流被圈进了城市，河边也需要用绿化进行装点。由于此类河道宽度有限，其绿地尺度需要精确把握。

（二）城市滨水区的特点

1. 空间形态呈线性带状

城市滨水区空间形态呈线性带状。一方面，可以为生物物种的迁徙和取食提供保障，为物种之间的相互交流和疏散提供有利条件；另一方面，这种线性空间鼓励步行、骑行、慢跑等活动，这些活动有益于人们的健康。

2. 较高的连接性

城市滨水区具有较高的连接性。可以用来连接城市中彼此孤立的自然板块，从而构筑城市绿色网络，缓和动植物栖息地的丧失和割裂，优化城市的自然景观格局。

3. 良好的可达性

城市滨水区具有良好的可达性。城市带状公园与广场和矩形公园等集中型开敞空间相比具有较长的边界，给人们提供了更多接近绿色空间的机会，因此能更好地满足人们日益增长的休闲游憩的需要。

4. 较好的安全性

城市滨水区具有较好的安全性。大多数城市带状公园的宽度相对较窄，视线的通透性较好，因此许多人认为这种环境比广阔幽深的公园更加安全。

● **教学案例**

现状调研

● **活动设计**

设计场所：牡丹江市环江南街滨水绿地。

所需工具：测量工具、铅笔、速写本、相机或手机。

活动实施：完成"滨水绿地资料记录与分析"活动实施表中的内容，如表3－2所示。

表3－2 "滨水绿地资料记录与分析"活动实施表

序号	步骤	操作及说明
1	绘制滨水绿地基地现状图	对基地进行测绘，绘制现状图
2	分析滨水绿地基地外部交通环境	分析设计范围周边的道路系统和周边环境，拍摄现场照片
3	分析滨水绿地基地内部环境	对基地现状进行测量和记录，对存在的问题进行分析并拍摄现场照片
4	分析滨水绿地基地人文环境	了解基地历史沿革以及当今文化

任务二　滨水绿地方案初步设计

职业能力1　相关案例搜集与整理

进行方案设计前，应对相关滨水绿地设计优秀案例进行搜集与整理，并对其进行剖析，从而拓宽设计思路。

● **相关知识**

优秀案例的搜集方法如下：
①实地调研滨水绿地。
②通过网络搜集优秀滨水绿地设计资料。
③查阅相关书籍、杂志等资料。
④从园林公司或规划设计院获取相关设计案例。
⑤通过设计公司公众号获取相关设计案例。

● **活动设计**

设计场所：专业教室或图书馆。
所需工具：铅笔、速写本、相机或手机。
活动实施：完成"相关案例搜集与整理"活动实施表中的内容，如表3-3所示。

表3-3　"相关案例搜集与整理"活动实施表

序号	步骤	操作及说明
1	案例搜集	通过不同途径搜集滨水绿地设计优秀案例
2	案例剖析	小组讨论，进行案例剖析，找出可供借鉴的部分

职业能力2　滨水绿地设计大纲编制

根据调查研究的实际情况，结合设计要求和相关设计规范，编制滨水绿地设计大纲。设计大纲应包括以下内容：
①滨水绿地基址现状分析。
②滨水绿地的预期使用情况。
③滨水绿地设计原则和设计目标。

④滨水绿地总体布局。

滨水绿地设计大纲如表3-4所示。完成设计大纲编制后，可与建设单位再进行一次商谈，旨在征求宝贵意见，并据此对设计大纲进行修改或完善。

表3-4　　　　　　　　　　　　　　滨水绿地设计大纲

滨水绿地基址现状分析	园址特征	
	环境条件分析	
滨水绿地的预期使用情况	绿地性质	
	功能	
	服务半径	
	游人容量	
滨水绿地设计原则和设计目标		
滨水绿地总体布局	功能或景色分区	
	主要景点、设施	
	艺术特色和风格	

● 相关知识

城市滨水绿地规划设计原则如下。

1. 保持基址的整体性与连续性

在滨水绿地建设时，应从整个城市绿地系统乃至整个城市系统等更高级的系统出发进行研究。正如古人所言："善弈者，谋势；不善弈者，谋子。"这里的"势"，就是全局发展趋势。江河的形成是一个自然力综合作用的过程，构成了一个复杂的系统，系统中任一因素的改变都将影响景观面貌的整体。

2. 遵从基址的生态环境特征

任何园林景观生态系统都有特定的物质结构与生态特征，呈现空间异质性，规划设计之前应对基址进行系统的分析，考虑基址的气候、水文、地形地貌、植被以及野生动物等生态要素的特征，并在规划设计过程中遵从这些生态环境特征，尽量减少人为干扰与破坏。

3. 提供生态、景观、防洪等多种功能

在滨水绿地建设中，应该兼顾城市滨水区的整治，不仅是解决水运、防洪等使用功能的问题，还应包括改善水域生态环境，改进江河、湖泊的水质，增加滨水绿地的游憩机会和景观效果，提升滨水地区周边土地的经济价值等一系列问题。滨水绿地的

规划建设必须以系统工程为指导，在满足基本使用功能的前提下，合理考虑景观、生态等需求，将滨水绿地建设成多种功能兼顾的复合城市公共空间，以满足现代城市生活多样化的需求。

4. 以绿为主，生态优先

滨水绿地在城市中的生态功能要求主要是通过植物来完成的，它决定了对城市滨水空间的规划建设必须依据景观生态学原理模拟自然江河岸线的自然生态群落结构，以绿化为主体，强调以乡土树种为主，兼顾植物群落的生物多样性，运用天然材料，创造自然生趣的滨水景观。规划设计应以保护生物多样性、增加景观异质性、强调景观个性、促进自然物能循环、构架城市生境走廊、实现景观的可持续发展等方面作为滨水绿地生态规划的主要内容加以体现。

5. 景观结合文化，突出地方性特色

自然景观整治与文化景观（人文景观）保护相结合，是滨水绿地体现城市历史文化底蕴、突出滨水绿地文化内涵和地方景观特色的重要手段。特别是对于一些具有深厚历史文化的名城，充分挖掘城市历史文化特色，利用园林景观表现手法加以表达，保持城市历史文脉的延续性，是滨水绿地生态规划设计的重要原则。它对恢复和提高滨水景观的活力，增强滨水绿地的地方特色、文化性、趣味性等均有十分重要的意义。

● 活动设计

设计场所：专业教室或图书馆。

所需工具：铅笔、速写本、相机或手机。

活动实施：完成"滨水绿地设计大纲编制"活动实施表中的内容，如表3-5所示。

表3-5 "滨水绿地设计大纲编制"活动实施表

序号	步骤	操作及说明
1	调研结果分析	根据现场勘察结果分析项目基址有利因素与不利因素，并思考处理不利因素的方法；分析工程所处于城市中的位置及主要特征
2	完成滨水绿地设计大纲	按照要求完成滨水绿地设计大纲

任务三　滨水绿地方案详细设计

职业能力1　绘制滨水绿地总平面图

根据规划设计目标、立意、原则等要求进行滨水绿地总体规划设计。主要工作如下：

①总平面图设计。

②功能分区规划。根据用地条件及功能要求，确定功能分区。

③景观布局及种植规划。根据用地条件、设计要求和功能分区等，明确景观规划的设计理念、总体构思和各场地的总体布局等；根据当地自然条件和植被类型，确定绿化的基调树种、骨干树种、景观树种的规划。

滨水绿地总体规划图并非是对各单体（要素）规划图的简单综合或叠加，而是作为一个综合工具，用于检验各单体（要素）规划间的合理性，检查其中有无矛盾或重复，确保及时发现问题并对其进行修改、完善，进而可再修改有关单体（要素）规划图。总体规划图多为平面图，但在必要情况下，还要作出总体规划的表现图。表现图可以是全园或局部景区、景点的鸟瞰图，也可以是主要地段的断面图或某一方向的立面图等。此外，还可以制作总体规划模型，或拍摄彩色照片等。最后，将图纸、照片、模型等全部送交甲方审核批准。总体规划阶段建议制订多个方案进行比较，供甲方选择。根据设计，完成滨水绿地总体规划表，如表3-6所示。

表3-6　　　　　　　　　　滨水绿地总体规划表

序号	规划内容	主要依据	绘图比例	图纸表现方法
1	平面组成设计			
2	横断面组成设计			
3	种植规划方案			

● **相关知识**

城市滨水绿地是一个包含水域和陆域且富含丰富景观和生态信息的复合区域。滨水绿地规划设计的内容主要包括对绿地内部复合植物群落、景观建筑小品、道路铺装系统、临水驳岸等基础元素的设计与处理。

一、滨水绿地的风格定位

滨水绿地的风格主要包括古典景观风格和现代景观风格两类。在进行滨水绿地设计时,首先应正确定位景观的风格。滨水绿地景观风格的选择,关键在于与城市或区域的整体风格相协调。

1. 古典景观风格的滨水绿地

古典景观风格的滨水绿地如图3-2所示。这类绿地往往以仿古、复古的形式,体现城市历史文化特征,通过对历史古迹的恢复和城市代表性文化的再现来表达城市的历史文化内涵。该种风格通常适用于一些历史文化底蕴较深厚的历史文化名城或历史保护区域。例如,扬州古运河滨河风光带的规划,由于扬州是拥有2000多年历史的国家历史文化名城,加之古运河贯穿城市的历史保护区域,所以该滨河绿地的景观风格定位是以体现扬州"古运河文化"为核心,通过古运河沿岸文化古迹的恢复、保护建设,再现古运河昔日的繁华与风貌,滨河绿地内部与周边建筑均以扬州典型的"徽派"建筑风格为主。

(a)　　　　　　　　　　　　　　(b)

图3-2　古典景观风格的滨水绿地

2. 现代景观风格的滨水绿地

现代景观风格的滨水绿地如图3-3所示。这类绿地常用于一些新兴的城市或区域。例如,上海黄浦江陆家嘴一带的滨江绿地和苏州工业园区金鸡湖边的滨湖绿地等。虽然上海、苏州同样为历史文化名城,但由于浦东和苏州工业园区均为新兴的现代城市区域,所以仍主要选择现代景观风格,通过现代风格的景观建筑、小品体现城市的特征和发展轨迹。

(a)　　　　　　　　　　　　　　　　(b)

图3-3　现代景观风格的滨水绿地

二、滨水绿地的空间处理

滨水绿地作为"水陆边际"，多为开放性空间，其空间设计往往兼顾外部街道空间景观和水面景观。人的站点及观赏点位置处理有多种模式，其中代表性的有以下几种：

①外围空间（街道）观赏。
②绿地内部空间（道路、广场）观赏、游憩、游览。
③临水观赏、游乐。
④水面观赏、游乐。
⑤水域对岸观赏。

为了取得多层次的立体观景效果，一般在纵向上沿水岸设置带状空间，串联各景观节点（每隔300～500m设计一处景观节点），构成纵向景观序列。

滨水绿地总平面图图纸表现分别如图3-4至图3-8所示。

图3-4　北京通州运河城市景观设计——总平面图

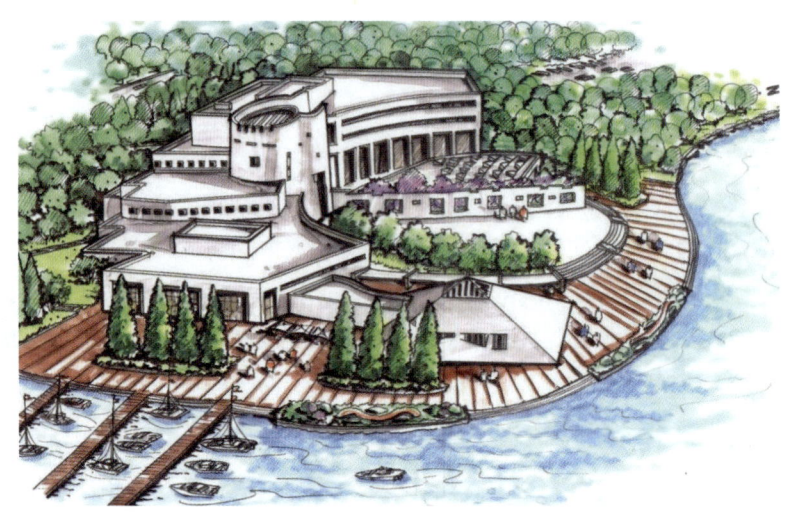

图3-5 北京通州运河城市景观设计——零起点透视图（一）

图3-6 北京通州运河城市景观设计——零起点透视图（二）

图3-7 北京通州运河城市景观设计——小岛透视图

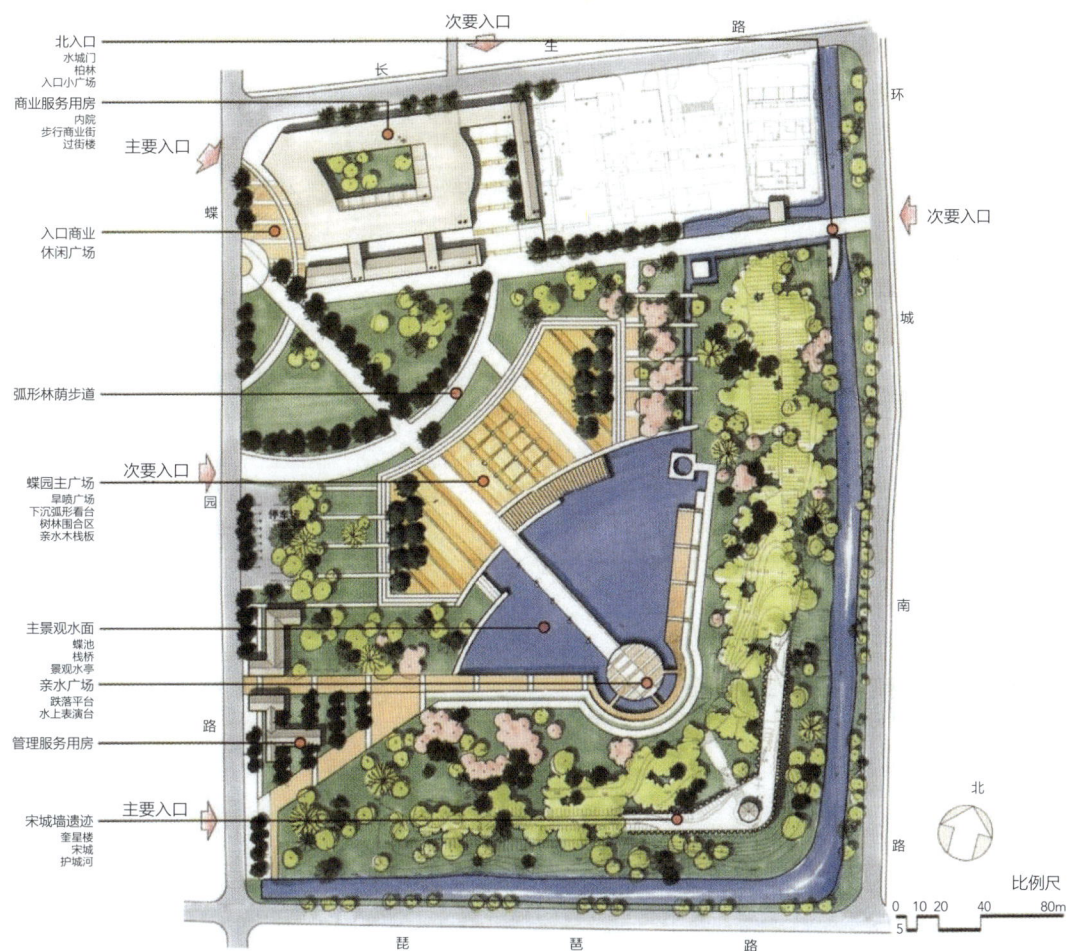

图3-8 高邮蝶园景观设计

活动设计

设计场所：专业教室。

所需工具：A2图纸、画板、针管笔、铅笔、马克笔或彩铅。

活动实施：完成"绘制滨水绿地总平面图"活动实施表中的内容，如表3-7所示。

表3-7 "绘制滨水绿地总平面图"活动实施表

序号	步骤	操作及说明
1	确定位置	按照设计底图确定滨水绿地位置
2	绘制总平面图	确定滨水绿地设计风格；确定出入口位置；设计功能分区；道路设计；各种建筑小品的设计；驳岸设计；滨水植物群落的配置
3	色彩表现	根据设计要求对总平面图进行色彩表现

职业能力2　绘制滨水绿地局部效果图

滨水绿地局部效果图主要包括出入口设计、功能分区设计、道路设计、各种建筑小品初步设计、驳岸设计、滨水植物群落配置等。根据设计，完成滨水绿地局部规划表、功能分区设计表、道路设计表、驳岸设计表、建筑小品设计表及植物种植设计表，分别如表3-8至表3-13所示。

表3-8　　　　　　　　　　滨水绿地局部规划表

序号	规划内容	主要依据	绘图比例	图纸表现方法
1	主要入口			
2	次要入口			
3	专用入口			

表3-9　　　　　　　　　　滨水绿地功能分区设计表

序号	区域名称	设计内容	主要景观	意境表达
1				
2				
3				
…				

表3-10　　　　　　　　　　滨水绿地道路设计表

序号	道路名称	走向	宽度	路面材料	做法
1					
2					
3					
…					

表3-11　　　　　　　　　　滨水绿地驳岸设计表

序号	名称	材料	做法
1			
2			
3			
…			

表3-12 _____滨水绿地建筑小品设计表

序号	名称	具体位置	设计思想	配置形式	图纸表现方法
1					
2					
3					
…					

表3-13 _____滨水绿地植物种植设计表

序号	名称	品种	位置	配置形式	观赏特性
1					
2					
3					
…					

相关知识

一、临水空间的类型

滨水绿地陆域空间和水域空间通常存在较大的高差，由于景观和生态的需要，应避免传统块石驳岸平直生硬的感觉，临水空间可以采用以下集中断面形式进行处理。

1. 自然缓坡型

自然缓坡型适用于较宽阔的滨水空间，水陆之间形成自然缓坡地形，弱化水陆的高差感，形成自然的空间过渡，其地形坡度一般小于基址上土壤自然安息角。临水可以设置游览步道，结合植物的栽植构成自然弯曲的水岸，形成自然生态、开阔舒展的滨水空间。

2. 台地型

对于水陆高差较大、绿地空间又不是很开阔的区域，可采用台地型弱化空间的高差感，避免生硬过渡。即将总的高差通过多层台地化解，每层台地可根据需要设计成平台、铺地或者栽植空间，台地之间通过台阶沟通上下层交通，结合植物种植设计遮挡硬质挡土墙，形成内向型临水空间。台地型临水空间如图3-9所示。

图3-9 台地型临水空间

3. 挑出型

对于开阔的水面，可采用挑出处理方式，通过设计临水或水上平台、栈道满足人们亲水远眺的观赏要求。临水或水上平台、栈道地表标高一般参照水体的常水位设计，通常根据水体状况高出常水位0.5~10m，若风浪较大，可适当抬高，在安全的前提下，尽量贴近水面为宜。挑出的平台、栈道在水深较深的区域应设置栏杆，当水深较浅时，可不设栏杆或使用座凳栏杆围合，满足人们亲水需要。挑出型临水空间如图3-10所示。

（a）　　　　　　　　　　　　　　（b）

图3-10　挑出型临水空间

4. 引入型

将水体引入绿地内部，结合地势高差关系组织动态水景，构成景观节点。其原理是利用水体的流动个性，以水泵为动力，将下层河、湖中的水泵到上层绿地，通过瀑布、溪流、跌水等水景形式再流回到下层水体，形成水的自我循环。这种利用地势高差关系完成动态水景的构建比单纯的防护型驳岸或挡土墙的做法要科学美观得多，但由于造价和维护等原因，只适用于局部景观节点，不宜大面积使用。引入型临水空间如图3-11所示。

图3-11　引入型临水空间

二、滨水景观建筑、小品的设计方法

滨水绿地为了满足市民休息、赏景等功能要求,需要设置一定的景观建筑、小品。常用的景观建筑类型包括亭、廊、花架、桥、水榭、舫、茶室、码头、牌坊、塔等;常用的景观小品包括雕塑、假山、置石、座凳、栏杆、指示牌等。滨水绿地中景观建筑、小品类型与风格的选择主要根据绿地的景观风格定位确定。同时,滨水绿地的景观风格也是通过景观建筑、小品加以体现的。

景观建筑、小品在设置时应注意体量小巧、布局分散,可将其融于绿地大环境中,从而设计出富有地方特色和生命力的作品。

1. 滨水建亭

一般而言,在小水面建亭宜低临水面,以细察涟漪。而在大水面,碧波坦荡,亭宜建在临水高台或较高的山上,以观远山近水,舒展胸怀。在桥上建亭更能够使水面景色锦上添花,并增加水面空间层次。滨水建亭如图3-12所示。

2. 水面设桥

优美的桥梁也是滨水区的重要景观,水景中桥的类型及应用较多,常见的有梁桥、拱桥、浮桥和吊桥等。水面设桥如图3-13所示。

图3-12 滨水建亭

汀步是极富情趣的跨水小景,人走在汀步上会有脚下清流、游鱼可数的近水亲切感。汀步最适合浅滩小溪或跨度不大的水面。图3-14所示为水面上的汀步。

图3-13 水面设桥

图3-14 水面上的汀步

3. 水榭

最常见的水榭形式是在水边筑一平台，平台周边以低栏杆围绕，在湖岸通向水面处做敞口，在平台上建起一单体建筑（建筑平面通常是长方形）。建筑四面开敞通透，或四面做落地长窗。水榭如图3-15所示。

图3-15　水榭

4. 舫

舫是指水边一种仿船的建筑。舫建在水边一般是两面或三面临水，其余面与陆地相连。其一侧设有平桥与湖岸相连，有仿跳板之意。舫立于水中，又与岸边环境相联系，使空间得到了延伸，具有富于变化的联系方式。舫如图3-16所示。

图3-16　舫

5. 园林小品

滨水绿地中的园林小品如图3-17所示，可以体现艺术气息，演绎城市文化，活跃绿地氛围。

（a）

（b）

图3-17　滨水绿地中的园林小品

三、滨水绿地植物生态群落的设计方法

植物是恢复和完善滨水绿地生态功能的主要手段。以绿地的生态效益为主要目标，在传统植物造景的基础上，除应注重植物观赏性方面要求外，还要结合地形的竖向设计以及模拟水系在形成的自然过程中所表现出的典型地貌特征（河口、滩涂、湿地等）创造滨水植物适应的地形环境；以恢复城市滨水区域的生态品质为目标，综合考虑绿地植

物群落的结构。另外，在滨水生态敏感区引入天然植被要素，如在合适地区建设滨水生态保护区、建立多种野生生物栖息地等，建立完整的滨水绿色生态廊道。

（一）绿化植物品种的选择

除了选择常规的观赏树种之外，滨水绿地应注重以培育地方性耐水湿植物或水生植物为主，同时应高度重视水滨的复合植被群落，它们对河岸水际和堤内地带等生态交错带尤其重要。植物品种的选择要根据景观、生态等多方面的要求，在适地适树的基础上还要注重增加植物群落的多样性。利用不同地段自然条件的差异，配置各具特色的人工群落。常用的耐水植物包括垂柳、水杉、池杉、云南黄馨、连翘、芦苇、千屈菜、菖蒲、香蒲、荷花、睡莲、水葱、茭白等。

（二）自然化设计

1. 植物的搭配

地被、花草、低矮灌木与高大乔木的层次和组合，应尽量符合滨水自然植被群落的结构特征。

2. 在滨水生态敏感区引入天然植被要素

在合适地区植树造林恢复自然林地，在河口、河流分合处创造湿地景观，转变养护方式，培育自然草地，建立多种野生生物栖息地等。这些仿自然生态群落具有较高的生产力，能够自我维护，方便管理且具有较高的环境、社会和美学效益，同时，在能源、资源和人力消耗等方面具有较高的经济性。

3. 多样性的植物景观配置

在滨水地带搭配植物时，应充分考虑植物的观赏特征，注意植物景观搭配的多样性。

（1）色彩艺术

开放滨河绿地空间，应用暖色系的植物点缀，以起到烘托和引人注目的效果；幽静的水边景观，滨水处选用冷色调的植物比较适合，其在视觉上能够缩小空间感，给人以宁静的感觉。滨水绿地的色彩艺术如图3-18所示。

(a)

(b)

（c）

（d）

图3-18　滨水绿地的色彩艺术

（2）线条艺术

平直的水面应充分利用植物形态和线条构图，以丰富水体空间层次，突出水体的流畅性。例如，种植在水边的垂柳形成柔条拂水的线性轮廓；高耸向上的水杉、落羽杉、水松等与水平面在空间上构成对比线形；挺拔向上的落羽杉刚劲有力，使空间充满力度感；形态飘逸的大王椰子植于水边，形成一幅洒脱的画面；枝条探向水面的植物或平伸，或斜展，或拱曲，在水面上均可形成优美的线条。滨水绿地的线条艺术如图3-19所示。

图3-19　滨水绿地的线条艺术

（3）意境创造

滨水绿地中的意境创造至关重要。例如，不规则式种植的阔叶树可以形成活泼、热烈的气氛，而高大的针叶树列植时则使景色显得庄严肃穆；垂柳枝条摇曳使人感到轻快，而春天的桃红李白使人感到春意盎然。滨水绿地的意境创造如图3-20所示。

（a）

（b）

图3-20　滨水绿地的意境创造

四、驳岸的设计方法

传统控制洪水的工程手段主要是对曲流裁弯取直，加深河槽，并用混凝土、砖石等材料加固岸堤、筑坝、筑堰等。这些措施产生了许多消极后果，大规模防洪工程设施的修筑直接破坏了河岸植物赖以生存的基础，缺乏渗透性的水泥隔断了护堤土体与其上部空间水气交换和循环。采用生态规划设计的手法可以弥补这些缺点，因此可以推广使用生态驳岸。生态驳岸是指恢复后的自然河岸或具有自然河岸"可渗透性"的人工驳岸，它可以充分保证河岸与水体之间的水分交换和调节功能，同时具有一定的抗洪强度。目前的生态驳岸主要有以下几种形式。

1. 自然原型驳岸

自然原型驳岸主要采用植物保护堤岸，以保持堤岸的特性。如临水种植垂柳、水杉、白杨以及芦苇、菖蒲、千屈菜等具有喜水特性的植物，由它们生长舒展的发达根系来稳固堤岸，加上柳枝柔韧性较强，能够顺应水流，增加抗洪、保护河堤的能力。

2. 自然型驳岸

自然型驳岸不仅种植植被，还采用天然石材、木材护底，以增强堤岸抗洪能力。如在坡脚采用石笼、木桩或浆砌石块等护底，其上筑有一定坡度的土堤，斜坡种植植被，实行乔灌草相结合以固堤护岸。

3. 人工自然型驳岸

人工自然型驳岸是指在自然型驳岸的基础上，再采用钢筋混凝土等材料，确保更大的抗洪能力。如将钢筋混凝土柱或耐水圆木制成梯形箱状框架，并向其中投入较大的石块，或插入不同直径的混凝土管，形成很深的鱼巢，再向箱状框架内埋入大柳枝、水杨枝等。临水侧种植芦苇、菖蒲等水生植物，使其在缝中生长出茂密、葱绿的草木。

五、滨水绿地内部道路系统的处理方法

滨水绿地内部道路系统是构成滨水绿地空间框架的重要手段，是联系绿地与水域、绿地与周边城市公共空间的主要方式。现代滨水绿地道路设计就是要创造人性化的道路系统，除了可以为市民提供方便、快捷的交通功能和观赏点外，还能提供合乎人性空间尺度、生动多样的时空变换和空间序列。为了达到以上要求，滨水绿地内部道路系统规划设计应遵循以下主要原则和方法。

1. 提供人车分流、和谐共存的道路系统

滨水绿地内部道路系统旨在串联各出入口、活动广场、景观节点等内部开放空间和绿地周边街道空间。人车分流是指游人的步行道路系统和车辆使用的道路系统分别组织、规划。一般步行道路系统主要满足游人散步、动态观赏等需求，主要有游览步

道、台阶登道、汀步、栈道等类型；车辆道路系统主要包括机动车道路和非机动车道路，主要连接与绿地相邻的周边街道，其中非机动车道路主要满足游客利用自行车、游览人力车游乐、游览和锻炼的需求。规划时应根据环境特征和使用要求分别组织，避免相互干扰。

2. 提供舒适、方便、美观的游览路径，创造多样化的活动场所

滨水绿地内部道路、场所的设计应遵循舒适、方便、美观的原则。其中，舒适原则要求路面局部相对平整，符合游人使用尺度。方便原则要求道路线性设计尽量做到方便快捷，增加各活动场所的可达性；现代滨水绿地内部道路考虑观景、游览趣味与空间的营造，平面上多采用弯曲自然的线形组织环形道路系统，或采用直线和弧线、曲线结合，道路与广场结合等形式串联入口和各节点以及沟通周边街道空间；立面上随地形起伏，构成多种形式、不同风格的道路系统。美观是绿地道路设计的基本要求，与其他道路相比，滨水绿地内部道路更注重路面材料的选择和图案的装饰，以达到美观的要求。这种装饰通常通过路面形式和图案的变化获得，通过这种装饰设计，创造多样化的活动场所和道路景观。

3. 提供安全、舒适的亲水设施和多样的亲水步道，增进人际交往与地域感

滨水绿地是自然地貌特征最为丰富的景观绿地类型，其本质特征是拥有开阔的水面和多变的临水空间。对其内部道路系统的规划可以充分利用这些基础地貌特征创造多样化的活动场所，如临水游览步道、伸入水面的平台、码头、栈道以及贯穿绿地内部各节点的各种形式的游览道路、休息广场等，结合栏杆、座凳、台阶等小品，提供安全、舒适的亲水设施和多样的亲水步道，以增进人际交流和创造个性化活动空间。具体设计时应结合环境特征，分别考虑材料选择、道路线性、道路形式与结构等方面。其中，材料选择以当地乡土材料为主，并以可渗透材料为主，增进道路空间的生态性，同时增进人际交往与地域感。

4. 配置美观的道路装饰小品和灯光照明

人性化的道路设计除对道路自身的精心设计外，还要考虑如座凳、指示牌等相关装饰小品的设计，以满足游人休息和获取信息的需要。同时，灯光照明设计也是道路设计的重要内容。滨水绿地道路常用的灯具包括路灯（主干道）、庭院灯（游览支路、临水平台）、泛光灯（结合行道树）、轮廓灯（临水平台、栈道）等，灯光的设置在为游客提供晚间照明的同时，还可以创造五彩缤纷的光影效果。

滨水绿地局部效果图图纸表现分别如图3－21至图3－24所示。

图3-21 北京通州运河城市景观设计——历史人文区剖面图

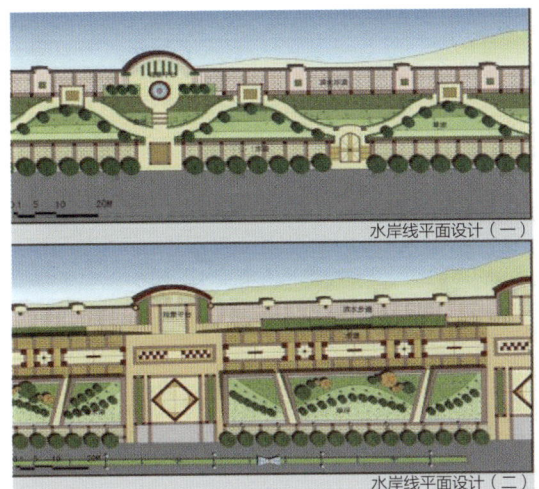

水岸线平面设计（一）

水岸线平面设计（二）

水岸线平面设计（三）

水岸线平面设计（四）

滨水岸线利用（一）典型处理示意

滨水岸线利用（二）典型处理示意

滨水岸线利用（三）典型处理示意

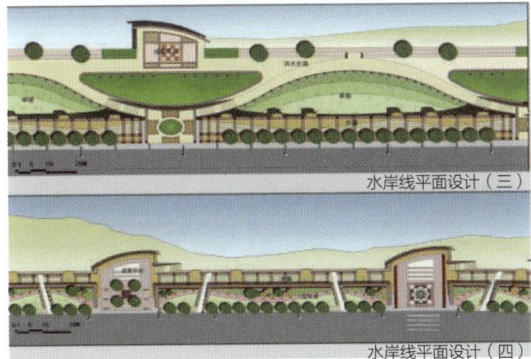

滨水岸线利用（四）典型处理示意

滨水岸线利用（五）典型处理示意

图3-22 水岸线平面设计

(a)

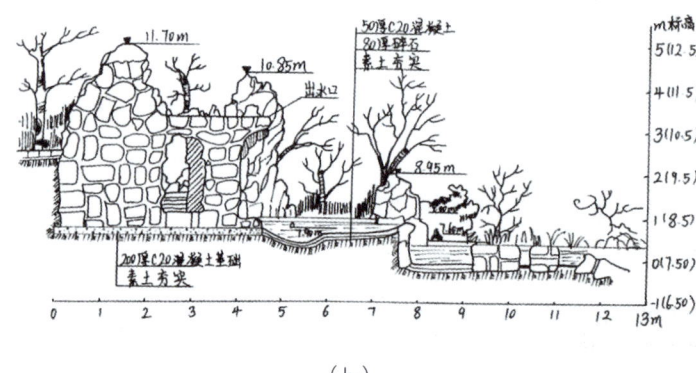

(b)

(c)

图3-23　水岸线景观设计

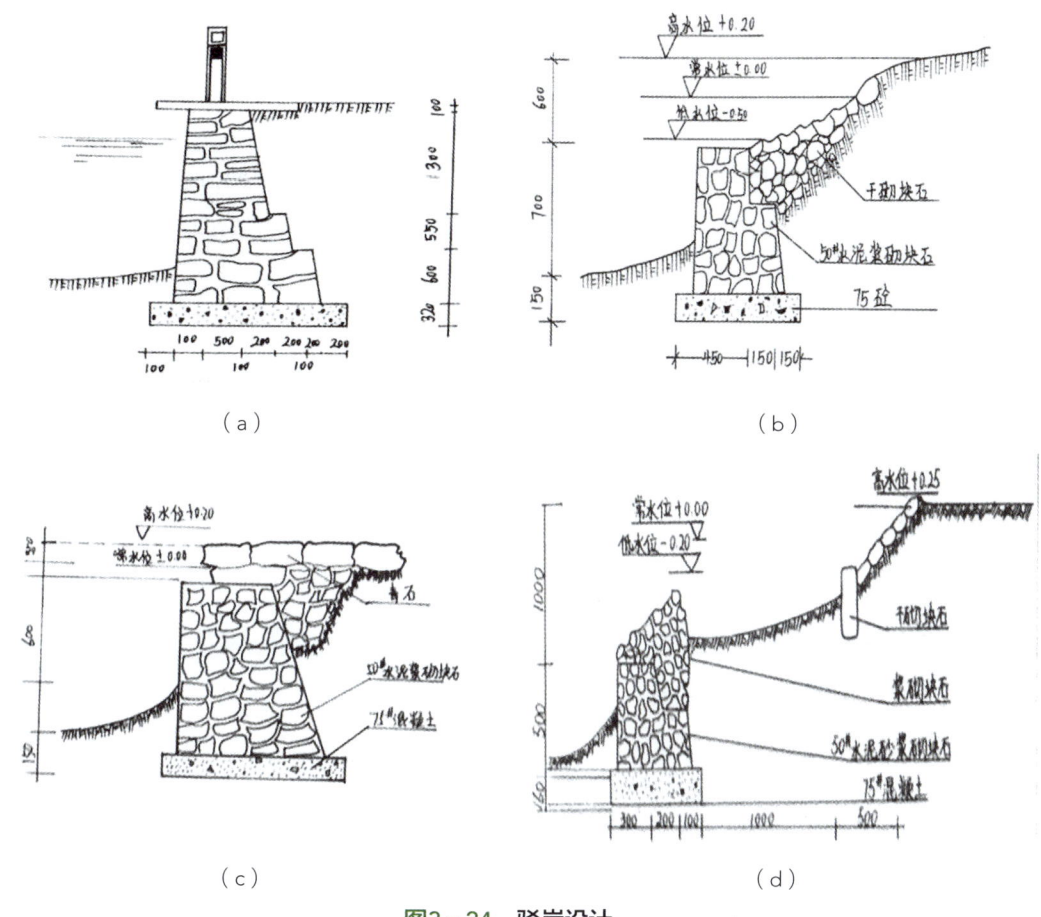

图3-24 驳岸设计

活动设计

设计场所：专业教室。

所需工具：A2图纸、画板、针管笔、铅笔、马克笔或彩铅。

活动实施：完成"绘制滨水绿地局部效果图"活动实施表中的内容，如表3-14所示。

表3-14 "绘制滨水绿地局部效果图"活动实施表

序号	步骤	操作及说明
1	前期准备	了解项目需求、明确设计主题、搜集相关资料等
2	确定元素和细节	画出设计的主要元素，如建筑物、植物、道路等。该步骤主要是为了确定构图和比例
3	刻画细节	对主要景物细节进行刻画
4	色彩表现	根据画面需要，给不同的元素上色

任务四　编制设计说明书

职业能力　搜集整理行业标准和国家规范并编制设计说明书

进行滨水绿地设计时，为了更全面、系统且准确地表达设计者的设计构思，各阶段布置内容的设计意图、经济技术指标、工程安排以及设计图上难以表达清楚的内容等，必须用图表及文字的形式进行描述、说明，使滨水绿地规划设计的内容更加完善。

进行滨水绿地设计时，应参考相关行业标准和国家规范，通过系统学习，做到自觉遵守、履行道德准则和行为规范等。

● 相关知识

滨水绿地设计说明书主要是为了说明规划设计意图，主要包括以下内容：
①位置、范围、面积、现状、设计依据。
②工程性质、设计原则。
③功能分区或景区、景点构思。
④构成要素规划（出入口、地形山水、道路广场、园林小品、建筑布局、种植规划、管线、电气规划等）。
⑤面积比例（用地平衡表）。
⑥管理机构和人员编制。
⑦分期建园计划。
⑧其他。

上述所列内容比较齐全，具体应用时，不同规模、性质和要求的园林工程中的滨水绿地设计，所需的内容也不尽相同。目前，一些较为简单的滨水绿地设计，可能只需要一张总体规划方案图及简要说明。具体出图项目和说明内容，应根据需要而定。

● 教学案例

设计说明书

活动设计

设计场所：专业教室。

所需工具：A2图纸、笔。

活动实施：完成"编制设计说明书"活动实施表中的内容，如表3-15所示。

表3-15 "编制设计说明书"活动实施表

序号	步骤	操作及说明
1	项目背景分析	介绍项目背景
2	规划目标与原则	确定规划目标以及该项目的设计原则
3	现状调研与分析	在规划前期，对滨水绿地的地形、水文、植被、社会经济、文化背景等进行详尽的调查与分析，识别优点和存在的问题，为后续规划提供依据
4	规划布局与功能分区	根据现状调研结果，确定规划布局并进行功能分区
5	景观设计	景观设计着重于植物配置与小品设置
6	生态保护与修复	针对滨水绿地的生态现状，确定应采取的生态保护与修复措施
7	实施计划与保障措施	实施计划：分阶段进行，包括前期准备、规划设计、建设施工、后期管理等阶段，明确各阶段的时间节点和任务目标 保障措施：制定政策法规，确保规划的权威性；引入市场竞争机制，激发社会参与活力；加强公众参与度和宣传教育，提高市民的环保意识；建立监测与评估机制，对规划实施进行动态管理

评价反馈

（1）组间展示工作成果，学生讨论，教师检查工作成果。

（2）教师与学生一起评价工作成果。

（3）教师总结方案设计中出现的问题，并给出解决意见。师生共同总结重要知识点。

（4）完成图纸检查表、工作任务检查表、考核标准及考核成绩表，分别如表3-16至表3-19所示。

表3-16 图纸检查表

序号	项目与技术要求	分值	检查标准	实测记录	备注
1	立意构思	20分	能够结合周围环境特点，进行设计的立意构思，并能做到设计新颖、巧妙		

续表

序号	项目与技术要求	分值	检查标准	实测记录	备注
2	树种选择	20分	能够根据滨水绿地周围的环境特点，在保证安全性和景观性的前提下，合理地进行树种选择		
3	方案的可实施性	20分	滨水绿地方案设计能够满足不同使用者的视觉要求和使用要求		
4	方案的景观性	20分	滨水绿地绿化设计富有时代气息，景观效果好		
5	设计图表现	20分	设计图样能够准确表达设计构思，符合制图规范，图面整洁		

表3-17 工作任务检查表

序号	评价项目	工作任务完成情况	签名
1	图纸、文本文件完成情况		
2	独立完成的任务		
3	小组合作完成的任务		
4	教师指导下完成的任务		

表3-18 考核标准

序号	考核项目	分值	考核标准	得分	备注
1	学习态度与参与程度	10分	组员均能积极参与学习活动，献计献策，发表意见		
2	学习作品质量	35分	设计方案能够满足设计要求，符合设计规范，图纸质量好，植物图例表现准确，比例合理，设计说明书阐述清晰明了		
3	作品展示、交流	5分	认真向其他组学习，讲解本组设计意图		
4	表达能力	5分	口语表述清楚、流利，言简意赅		
5	答辩能力	5分	准确解答提问者的问题，态度诚恳		
6	资料搜集、统计、分析能力	5分	资料翔实、有用，统计准确，分析明了		
7	小组合作	5分	以小组集体利益为先，能够尊重他人意见，成员关系和谐		

续表

序号	考核项目	分值	考核标准	得分	备注
8	工作程序	5分	简明有效		
9	学习、工作的独立性	10分	本小组独立设计工作方案，完成立地类型表的编制，独立解决遇到的问题		
10	外语能力	5分	准确使用相关英语术语		
11	环境意识	5分	保持教室卫生，不得大声喧哗		
12	遵守纪律	5分	按时上下课，自觉维护课堂秩序		
	合计	100分			

表3-19 考核成绩表

序号	考核项目		分值	学生自评（20%）	学生互评（20%）	教师评价（60%）	总分	备注
1	课内综合项目考核（70分）	学习态度与参与程度	10分					
		学习作品质量	35分					
		作品展示、交流	5分					
		表达能力	5分					
		答辩能力	5分					
		资料搜集、统计、分析能力	5分					
		小组合作	5分					
2	素质目标成绩评定标准（30分）	工作程序	5分					
		学习、工作的独立性	10分					
		外语能力	5分					
		环境意识	5分					
		遵守纪律	5分					
	合计		100分					

项目四 居住区绿地设计

● **知识目标**

（1）能够了解居住区的组织结构模式和绿地组成。
（2）能够掌握居住区建筑的布局形式。
（3）能够掌握道路绿地规划的分类及绿化布置要点。
（4）能够掌握居住区宅旁绿地的设计方法。
（5）能够掌握组团绿地的设计方法。
（6）能够掌握居住区游园的规模与内容安排。

● **技能目标**

（1）能够对居住区绿地进行现场勘察、测量并进行场地环境分析。
（2）能够确定居住区建筑布局形式及不同位置绿地的名称。
（3）能够进行功能分区并合理安排不同等级道路。
（4）能够编制设计说明书。

● **素养目标**

（1）培养资料搜集、分析与评价的能力。
（2）培养按照制图规范及标准制图的能力。
（3）培养勤于思考、善于动手、勇于创新的精神。
（4）培养团队合作意识。
（5）培养表述与合理答辩的能力。

任务一　居住区绿地现状调研

职业能力　居住区绿地资料记录与分析

城市居住区即城市中住宅建筑相对集中布局的地区，简称居住区。

在居住区景观设计前，应对设计场地进行现状调研、测量和记录，形成基地现状图和分析文字，同时搜集现场照片，方便随时查阅和对比。

设计前，应进行实地勘察并填写居住区绿地现场勘察、调查表，如表4-1所示。

表4-1　居住区绿地现场勘察、调查表

序号	勘察、调查对象		详情记录	备注
1	自然条件	气象条件		
		地形条件		
		土壤条件		
		水系条件		
2	社会条件	交通		
		现有设施		
		工农业生产情况		
		城市历史、人文资源		
3	设计条件	现场树木情况		
		现场的建筑		
		可利用、可借景的景物		
		不利或影响的物体		

搜集或测绘进行总体规划所需的现状图，常用图纸比例为1∶2000、1∶1000、1∶500。局部放大图为1∶200，地下管线图为1∶200或1∶500。

● **相关知识**

居住区是人们生活的核心场所，搜集和分析设计地块的基础资料，是提高居住区绿地规划设计质量的主要手段。进行居住区绿地规划设计前，应对场地现状、周围自然条件、社会条件和设计条件进行分析研究，结合委托方和居住者的使用需求，设计出良好的居住区规划设计方案。

一、现状调研内容

1. 基地现场条件

居住区绿地规划的首要条件是地理位置与环境。基地应位于城市或区域的适宜位置，便于居民访问和使用。同时，基地周边的自然环境，如山水景观、公园等，应作为规划设计的重要参考，以实现与周边环境的和谐融合。

（1）气候和季节特点

深入分析基地所在地的气候数据，了解四季的温度、降水、风向等特征，有助于选择适宜的植被种类和配置方式，确保绿地在不同季节均能保持良好的景观效果。

（2）地形和地貌特征

地形和地貌特征是居住区绿地规划设计的基础。基地的地形变化、高程差异、坡度走向等都会直接影响绿地的布局和设计。设计师应充分利用地形地貌的特点，创造出富有层次感和立体感的绿地空间。

（3）土壤类型和质量

土壤是居住区绿地生长的基础，其类型和质量对植被的生长和绿地的整体效果具有重要影响。通过对基地土壤的详细调查和分析，可以了解土壤的质地、肥力、酸碱度等信息，为植被的选择和种植提供科学依据。

（4）植被现状和分布

基地现有的植被状况和分布情况是居住区绿地规划设计的重要依据。设计师应对基地的植被进行详细的调查，了解植被的种类、数量、分布范围等，以便在规划设计中保护和利用现有植被，同时合理引入新的植被种类，丰富绿地的生物多样性。

（5）周边建筑和设施

周边建筑和设施是居住区绿地规划设计时需要综合考虑的因素。设计师应与城市规划部门和相关利益方进行沟通，了解基地周边建筑的风格和功能，确保绿地在规划设计中与周边环境相协调，同时满足居民的需求和期望。

（6）人文历史因素

人文历史因素是居住区绿地规划设计中的重要考量。基地所在地区的历史文化、传统习俗等都会对绿地的设计和风格产生影响。设计师应在规划设计中融入当地的文化元素，使绿地成为传承和展示地方文化的重要载体。

（7）交通和流线分析

交通和流线分析是居住区绿地规划设计中不可或缺的一环。通过对基地周边的交通状况进行调研和分析，了解人流、车流等动态因素对绿地的影响。在规划设计中，应合理安排入口、道路、休息设施等，确保居民和游客能够便捷、安全地访问和使用绿地。

2. 人的需求分析

（1）委托方的要求

委托方的要求在设计中需要首先加以尊重。除了设计任务书中的要求外，还要认真倾听委托方口头表述的设计想法。设计师应积极寻求机会与委托方设计决策者直接交流，了解其意图甚至个人喜好，这样做能够在设计中少走很多弯路。

（2）使用者的需要

居住区景观是为居民而设计的，要考虑居民的室外活动需求，如集会、打牌、下棋、健身、运动、游戏、闲聊、读书、看报等。应根据居民需求布置适当的活动设施，主要包括以下内容：

①多功能活动广场。可以在组团绿地中集中安排较大场地，供居民晨练、跳舞、轮滑、看露天电影以及其他各类社区活动等。广场的铺装要平整，面积要大，以方便居民活动。夜间照明应充足，一般应在广场周边设置较高、功率较大的广场照明灯具。

②儿童游戏场。安排各类游戏活动区域，如沙坑、涂鸦墙、游戏攀爬墙、滑梯、秋千等，以供不同年龄层次的儿童玩乐。值得注意的是，由于儿童尤其是低龄幼儿通常需要家长陪同，所以成年人交谈、休憩的场所一般设在游戏场边，这样儿童可以在游戏场集中玩耍，大人们可以在旁边闲聊、谈心。

③老年人活动场地。可以适当安排场地及一些休息桌椅以满足老年人遛鸟、唱戏、下棋、锻炼、聊天、晒太阳等较为常见的活动内容。老年人由于闲暇时间较多，对于居住区景观设施的利用频率较高，因此在居住区景观设计中要给予他们更多的关注。

④健身运动场地。应安排场地并设置一些健身活动器材，较大型的社区还可以设置游泳池、篮球场、网球场、羽毛球场、槌球场等，如有条件，还可以结合架空层设置乒乓球场。

⑤小型休憩空间。可以结合组团绿地或宅间绿地设计小型休憩空间，可布设休息座椅、景观亭廊等，以满足居民安静休息的需求。

二、现状调研成果

调研搜集资料后要进行整理分析，为居住区规划设计提供依据。在不同的项目中，影响规划设计的主导因素各不相同。在项目初期，必须明确影响规划设计的主导因素。

在各个阶段，应完成区位分析图、现状分析图等，并用文字或图纸的方式加以表达。

● **教学案例**

方案设计前期调研分析

● **活动设计**

设计场所：牡丹江市某居住区。

所需工具：测量工具、铅笔、速写本、相机或手机。

活动实施：完成"居住区绿地资料记录与分析"活动实施表中的内容，如表4-2所示。

表4-2 "居住区绿地资料记录与分析"活动实施表

序号	步骤	操作及说明
1	准备设计底图	若甲方提供原始平面图，则应进行现场测绘、记录尺寸；若甲方未提供原始平面图，则应先绘制平面草图，再进行测绘
2	拍摄现场照片	拍摄现场照片，以便于设计时回忆场地特征，为后期效果图制作提供素材
3	场地调查与分析	在设计图上标注基地的尺寸、地面设施及地下管线；记录土质情况和地面大小；记录地下水质情况；测量记录现状地形高差；记录保留树种的名字、位置及其他植物种类

任务二 居住区绿地方案初步设计

职业能力1 相关案例搜集与整理

进行方案设计前，应对相关居住区绿地设计优秀案例进行搜集与整理，并对其进行剖析，从而拓宽设计思路。

● **相关知识**

优秀案例的搜集方法如下：

①实地调研居住区绿地。
②通过网络搜集优秀居住区绿地设计资料。
③查阅相关书籍、杂志等资料。
④从园林公司或规划设计院获取相关设计案例。
⑤通过设计公司公众号获取相关设计案例。

教学案例

居住区设计案例

活动设计

设计场所：专业教室或图书馆。

所需工具：铅笔、速写本、相机或手机。

活动实施：完成"相关案例搜集与整理"活动实施表中的内容，如表4-3所示。

表4-3 "相关案例搜集与整理"活动实施表

序号	步骤	操作及说明
1	案例搜集	通过不同途径搜集居住区绿地设计优秀案例
2	案例剖析	小组讨论，进行案例剖析，找出可供借鉴的部分

职业能力2 居住区绿地设计构思

居住区绿地设计结合艺术、科学和技术，旨在创造宜居、美观且生态平衡的居住空间。居住区绿地设计在提高居民生活质量、增强环境美感以及改善生态环境等方面都起到了至关重要的作用。

相关知识

一、居住区绿地设计构思来源

1. 自然景观

居住区绿地的设计首先来源于对自然景观的尊重与利用。设计师应充分考虑当地的地形、气候、植被等自然条件，设计出与自然相协调的绿地景观。通过模仿自然山水、植被分布，可以营造出宜人的居住环境，使居民能够近距离地感受大自然的魅力。

2. 人文历史

通过挖掘和利用当地的历史文化元素，如传统建筑风格、民俗风情等，将绿地设计与历史文化相结合，不仅能够提升居住区的文化内涵，还能增强居民的归属感。

3. 社区特色

居住区绿地设计应当与社区的整体风格相协调。设计师应根据社区的定位和居民的需求，设计出具有社区特色的绿地景观，如儿童游戏场、老年人活动场地、健身运动场地等，以满足不同年龄段居民的需求。

4. 可持续发展

在居住区绿地设计中，应充分考虑可持续发展的理念。通过选择环保材料、采用节能技术、推广雨水收集利用等措施，实现绿地的生态化和可持续发展。此外，还可以利用绿色植物的净化作用，改善居住环境的质量，促进生态平衡。

5. 现代美学

现代美学强调简洁、时尚、功能性与艺术性的结合。在居住区绿地设计中，可以运用现代美学的理念，通过线条的流畅、色彩的搭配、材质的质感等手段，创造出具有现代美感的绿地景观。这不仅可以提升居住区的整体美感，还能吸引更多居民参与户外活动。

6. 功能需求

根据居民的日常活动习惯和需求，合理规划绿地的功能分区，如休闲区、娱乐区、运动区等。同时，还应注重绿地的可达性和便利性，确保居民能够方便地享受到绿地带来的便利和乐趣。

7. 居民意见

居民是居住区绿地设计的最终受益者，应充分考虑他们的意见和需求。可以通过问卷调查、居民座谈会等方式搜集居民的意见和建议，并将其融入设计中。这样不仅可以增强居民的参与感和归属感，还能使绿地设计更加贴近居民的实际需求。

8. 安全因素

安全是居住区绿地设计中不可忽视的因素。在设计过程中，应充分考虑绿地的安全防护措施，如设置围栏、安装监控设备等。同时，还应注重绿地的无障碍设计，确保老年人、儿童等弱势群体能够安全地享受到绿地带来的便利和乐趣。

二、居住区绿地的定额指标

居住区绿地的定额指标是指根据人口数量、用地面积以及各种基础设施和公共服务设施需求，来确定一个居住区绿地所需的各项指标和配套设施的数量。这些指标包括但不限于居住用地面积、居住人口密度、道路和交通设施、公园绿地、学校和医疗机构等。

在规划居住区绿地时，定额指标起到了至关重要的作用。它们不仅能够确保居住区的合理利用和平衡发展，还能够为居民提供良好的生活环境和公共服务设施。例如，通过合理规划居住用地面积和人口密度，可以确保居住区有足够的空间和资源来满足居民的基本生活需求。同时，合理规划道路和交通设施，可以提高居民的出行效率，缓解交通拥堵问题。

定额指标还可以促进居住区的可持续发展。通过规定居住区绿地的比例和面积，可以增加居住区的绿化率，改善空气质量和生态环境。同时，合理规划学校和医疗机构的数量和布局，可以提高居民的教育和医疗水平，提升整个居住区的文明程度。

居住区绿地的定额指标是一项重要的规划工作，它关系到居民的生活质量和社会发展的可持续性。通过科学合理地制定和执行定额指标，可以为居住区的建设和发展提供有力的支持，使人们能够享受到更好的生活和福利。

三、居住区绿地规划设计原则

1. 统一布局，系统规划

居住区绿地规划是居住区总体规划的重要组成部分。绿地规划应密切配合居住建筑、公用设施、道路系统、工程管线等部分规划，综合考虑、统筹安排。采取集中与分散，重点与一般，点、线、面相结合的方式，以居住区公园或小区中心游园为中心，以道路绿地为网络，以宅旁绿地为基础，协调市政、商业服务、文化、环卫等建设，使居住区绿地既自成系统，又与居住区总体规则协调统一。图4-1所示为居住区绿地规则式布局统一。

图4-1 居住区绿地规则式布局统一

2. 以人为本，设计为人

人与环境有着密不可分的关系，环境的设计就是人的行为设计。居住区是人居环境最直接的空间，应充分体现"以人为本，设计为人"的观念，把人的行为模式和对绿化环境的需求作为绿地设计的重要依据。按照人体功效学原理进行绿地空间尺度设计，以满足居民生理、心理、安全、社交、休闲和审美等方面需要为出发点，处处体现尊重人、关心人，使小区真正富有人情味，居民有归属感，将居民区建设成为理想的居住乐园。图4－2所示为居住区绿地设计在使用者附近。

3. 以绿为主，小品点缀

进行居住区绿地规划设计时，应根据城市化环境和园林绿地的生态功能要求，在居住区绿地构成要素上应以绿色植物造景为主，以改善居民区小气候，满足现代人亲近自然的心理需求，从而营造一个空气清新、环境优美的生态空间。考虑到居民休息和点景需要，适当点缀园林建筑小品也是必要的，其风格及手法应朴素、简洁、统一、大方。图4－3所示为居住区绿地中小桥流水的巧妙点缀。

4. 利用为主，适当改造

居住区绿地规划应充分利用自然地形和现状条件，尽量利用劣地、坡地、洼地及水面作为绿化用地，以节约建园投资和用地；对原有树木，特别是古树名木，应加以保护和利用，并组织到绿地中，形成绿化面貌。在此基础上，根据总体布局要求，对部分零乱或主题不鲜明地段，适当加以调整或改造。图4－4所示为利用现有坡地进行居住区绿化。

5. 突出特色，强调风格

特色即个性特点。一方面，整个居住区绿地规划应有自身的特色；另一方面，在整体格调统一的前提下，各局部空间也应各具特色。园林风格虽多种多样，但就一个居住区绿地而言，应强调并统一其风格。图4－5所示为简洁风格的居住区绿地。

图4－2 居住区绿地设计在使用者附近

图4－3 居住区绿地中小桥流水的巧妙点缀

图4－4 利用现有坡地进行居住区绿化

图4－5 简洁风格的居住区绿地

6. 功能实用，经济合理

进行居住区绿地规划设计时，应从大处着眼，细处着手，认真研究居民日常生活行为需求，从总体规划到单体设计，力求方便实用，提高绿地及各类环境设施的使用率。建筑材料、植物材料应尽量乡土化，单体小品设计避免追求豪华、气派。既要考虑一次性建设工程造价，又要考虑降低养护管理费用。图4-6所示为居住区绿地中设置座椅等设施。

图4-6　居住区绿地中设置座椅等设施

● 活动设计

设计场所：专业教室或图书馆。

所需工具：铅笔、速写本、相机或手机。

活动实施：完成"居住区绿地设计构思"活动实施表中的内容，如表4-4所示。

表4-4　"居住区绿地设计构思"活动实施表

序号	步骤	操作及说明
1	提炼设计主题	从自然景观、人文历史、社区特色、可持续发展、现代美学、功能需求、居民意见和安全因素等多个方面提炼设计主题
2	呈现设计主题	草图法、模拟法、联想法、沙盘制作法
3	草图勾勒	认知项目环境，确定设计思想，勾勒交通路线和功能分区，设计景观元素

职业能力3　居住区绿地设计大纲编制

根据调查研究的实际情况，结合设计要求和相关设计规范，编制居住区绿地设计大纲。同时，应了解以下内容：

①根据现场勘察结果，了解该项目基址的有利或不利因素及其相应的处理方式。

②了解工程所处的城市位置及周边环境。

③了解工程用地类型和能够绿化的区域、规模以及基本绿化原则，了解根据其种植目的所属的种植结构形式。

④了解该居住区内建筑布置形式、道路布置形式。

⑤了解该居住区绿地的植物配置种类及配置手段。

⑥了解该工程通过哪些绿化设计原则才能最好地满足甲方的要求，通过哪些处理

手法能够更好地进行表现。

居住区绿地设计大纲如表4-5所示。

表4-5　　　　　　　　　　　居住区绿地设计大纲

居住区绿地基址现状分析	园址特征	
	环境条件分析	
居住区绿地的预期使用情况	绿地性质	
	功能	
	服务半径	
	游人容量	
居住区绿地设计原则和设计目标		
居住区绿地总体布局	功能或景色分区	
	主要景点、设施	
	艺术特色和风格	

● **相关知识**

一、居住区用地构成

按功能要求的不同，居住区用地一般由以下四类构成。

1. **居住建筑用地**

居住建筑用地指居住建筑基底占有的用地及其周围必须留出的用地，包括通向住宅入口的小路、宅旁绿地和家务院落用地。

2. **公共建筑和公用设施用地**

公共建筑和公用设施用地指居住区各类公共建筑和公用设施建筑物基底占有的用地及其周围的专用土地。

3. **道路及广场用地**

道路及广场用地指居住区范围内不属于居住建筑用地及公共建筑和公用设施用地内的道路、广场、停车场等的用地。

4. **公共绿地**

公共绿地指居住区公园、小区中心游园、住宅组团绿地、花园式林荫道等集中成片绿地。

二、居住区的规模及规划结构形式

居住区的规模包括人口规模和用地规模两个方面，一般以人口规模为标志。居住区的规模受居住区公共服务设施的合理服务半径（一般为800~1000m）、城市干道间距（一般为700~1000m）、居住行政管理体制（一个居住区规模大致与一个街道办事处的规模相当）以及自然地形条件等因素的影响。据此，我国居住区人口规模一般为5万~6万人，少则3万人；用地规模在50~100hm^2。

居住区的规划结构是指根据居住区的功能要求，为了综合解决住宅与公共服务设施、道路、绿地的相互关系而采取的组织方式。目前我国居住区规划结构主要有以下三种基本形式：

①以居住小区为基本单位组成居住区，即居住小区—居住区。居住小区是由城市道路或自然界线所划分的并不为城市交通干道所穿越的完整的居住地段。居住小区居住环境安全、安静，公共服务设施配套，居住生活方便，其人口规模一般在1万人左右。

②以居住生活单元为基本单位组成居住区，即居住生活单元—居住区。居住生活单元又称住宅组团，是将若干栋住宅集中紧凑地布置在一起，在建筑上形成整体的、在生活上有密切联系的住宅组织形式，其内设有一定的生活服务设施。居住生活单元相当于一个居委会的规模，为3000~5000人。

③以居住生活单元和居住小区为基本单位组成居住区，即居住生活单元—居住小区—居住区。这种形式一般由2~3个居住生活单元组成居住小区，再由3~5个居住小区组成居住区。

三、居住区的建筑布置形式及其对绿地布局的影响

居住区建筑布置形式与地理位置、地形地貌、日照、通风及周围环境等因素有着密切的关系，主要包括以下四种：

①行列式布置。行列式布置是指住宅按一定朝向和间距成排、成行布置。其优点是绝大多数居室都可获得良好的日照和通风；缺点是易造成呆板、单调的感觉。布置时常采用错落、拼接、成组偏向等手法，在统一中求变化，打破单调呆板感。行列式布置中，宅旁绿地相对较多且分散，公共绿地比例相对较少。

②周边式布置。周边式布置是指住宅沿街道或院落周边布置。其优点是便于组织室外活动空间，有利于北方防寒和抗阻风沙以及节约用地；缺点是部分居室西晒或采光和通风不良。周边式布置中，公共绿地相对集中成片，面积比例较大，有利于形成开敞的室外空间和良好的景观效果。

③混合式布置。混合式布置综合了上述两种形式，多以行列式为主，少量住宅或公共建筑沿街道院落布置，构成半封闭空间，以发挥行列式布置和周边式布置的优势。

④自由式布置。自由式布置是指结合地形，考虑采光、通风要求，将居住建筑自由灵活地进行布置。其布局自由活泼，一般用于地形复杂且不规则的情况。

四、居住区道路系统布局

根据功能要求的不同以及居住区规模的大小，居住区道路系统一般可分为三级或四级。

1. 宅前小路

宅前小路通向各户或单元门前，主要供行人使用，一般宽度为1.5~3m。

2. 居住生活单元级道路

居住生活单元级道路路面宽度为4~6m，平时以通行非机动车和行人为主，必要时可通行救护、消防等车辆。

3. 居住小区道路

居住小区道路是联系小区各部分的道路，车行道宽度在7m以上，两侧可布置人行道及绿带。

4. 居住区级道路

居住区级道路用以解决居住区内、外的交通联系，车行道宽度在9m以上，道路红线不小于16m。

居住区道路系统布置应根据地形、现状、周围地区交通情况、居住区的规划结构以及居住建筑、公共建筑、绿地的布局构思等因素综合考虑。居住区内主要道路的布置形式有丁字形、十字形、山字形、田字形等，居住小区内部道路的布置形式有环通式、尽端式、半环式、混合式等。

五、居住区绿地植物配置

1. 植物种类的选择

①选择生长健壮、管理粗放、少病虫害、有地方特色的乡土树种。

②在夏热冬冷地区，选择树形优美、冠大荫浓的落叶阔叶乔木，以利居民夏季遮阴、冬季晒太阳。

③在公共绿地的重点地段或居住庭院中以及儿童游戏场附近，选择姿态优美、花艳芳香、叶色丰富的常绿乔木和开花灌木，以及宿根、球根花卉和自播繁衍能力强的1~2年生花卉。

④在房前屋后光照不足地段，选择耐阴植物，如垂丝海棠、金银木、珍珠梅等；在院落围墙和建筑墙面，选择攀缘植物，如地锦、紫藤、凌霄、常青藤、络石等，实行立体绿化并遮蔽丑陋的物体。

⑤充分考虑园林植物的保健作用，选择松柏类、香料和香花植物等；在幼儿园和儿童游戏场附近，忌用有毒、带刺以及易引起过敏的植物，如夹竹桃、凤尾兰、枸骨、漆树等，以免伤害儿童；在运动场、活动场地不宜栽植大量飞毛、落果的树木，如杨、柳、悬铃木、构树等。

2. 配置方式的确定

①植物种类的搭配要在统一中求变化，变化中求统一。种类不宜太多，同时应避免单调。居住区各类绿地在统一基调的前提下，应有主调的特色植物，力求以植物材料形成特色空间，如玉兰院、桂花路、樱花街等。

②植物配置要讲究时间和空间景观的有序变化，形成以常绿植物为基调的绿化空间、层次变化的群落栽植、季相变化的色彩配合、适宜游赏的园林绿化景观和生态群落环境。

③植物配置方式应多种多样，除道路两侧需要采用行列式种植外，可多采用孤植、丛植、群植、疏林草地等手法，以打破成行成列住宅组群的单调和呆板感，以植物配置的多种方式丰富空间的变化。应注意结合道路走向、建筑、门洞等，以形成对景、框景、借景等，创造良好的景观效果。

● 活动设计

设计场所：专业教室或图书馆。

所需工具：铅笔、速写本、相机或手机。

活动实施：完成"居住区绿地设计大纲编制"活动实施表中的内容，如表4-6所示。

表4-6 "居住区绿地设计大纲编制"活动实施表

序号	步骤	操作及说明
1	调研结果分析	根据现场勘察结果分析项目基址有利因素与不利因素，并思考处理不利因素的方法；分析工程所处于城市中的位置及主要特征
2	完成居住区绿地设计大纲	按照要求完成居住区绿地设计大纲

任务三　居住区绿地方案详细设计

职业能力　绘制居住区绿地总平面图和分区平面图

居住区绿地总平面图通常包含建筑物、道路、停车场、绿化区域、公共设施等元素。居住区绿地总平面图旨在规划一个功能齐全、环境优美的居住区域。设计时应充分考虑居住者的生活需求，为其提供舒适的居住环境，同时应注重绿化、交通和公共设施的配置。居住区绿地分区平面图通常是将一个较大的区域划分为多个小区块或区域，并展示每个小区块内建筑小品、道路铺装、植物设计等元素的布局。

根据设计，完成居住区绿地总体规划表、局部规划表、道路设计表、建筑小品设计表、植物种植设计表及山石水体设计表，分别如表4-7至表4-12所示。

表4-7　　　　　　　　　　居住区绿地总体规划表

序号	规划内容	主要依据	绘图比例	图纸表现方法
1	景区规划设计			
2	种植规划设计			
3	道路规划设计			
4	地面铺装设计			
5	园林小品规划设计			

表4-8　　　　　　　　　　居住区绿地局部规划表

序号	规划内容	主要依据	绘图比例	图纸表现方法
1	公共绿地设计			
2	居住小区中心游园			
3	居住生活单元组团绿地			
4	专用绿地的布置			
5	宅旁绿地设计			
6	道路绿地设计			

表4-9 _____居住区绿地道路设计表

序号	道路名称	走向	宽度	路面材料	做法
1					
2					
3					
…					

表4-10 _____居住区绿地建筑小品设计表

序号	名称	具体位置	设计思想	配置形式	图纸表现方法
1					
2					
3					
…					

表4-11 _____居住区绿地植物种植设计表

序号	名称	品种	位置	配置形式	观赏特性
1					
2					
3					
…					

表4-12 _____居住区绿地山石水体设计表

序号	名称	位置	材料	体量	做法
1					
2					
3					
…					

● 相关知识

一、居住区公共绿地

（一）居住区公园

居住区公园是为整个居住区的居民服务的，通常布置在居住区中心位置，以方便居民使用，如图4-7所示。居民步行到居住区公园约

图4-7 居住区公园

10min的路程，面积一般在10000m²以上，服务半径以800～1000m为宜。

居住区公园面积通常较大，相当于城市小型公园。其规划布局与城市市级、区级综合性公园相似，内容比较丰富、设施比较齐全，有一定的地形地貌、小型水体、功能分区和景色分区；构成要素除树木花草外，还有适当比例的小品建筑、场地设施。居住区公园由于面积较市级、区级公园小，空间布局较为紧凑，各功能区或景区空间节奏变化较快。植物配置一般以乔木为主，配以少量观赏花木、草坪、花草等，避免带刺、有毒、有味的树木。居住区公园布局要素如表4－13所示。

表4－13　居住区公园布局要素

功能分区	布局要素
休息、漫步、游览区	休息场地、散步道、凳椅、廊、亭、榭、老年人活动区、展览室、草坪、花架、花坛、树木、水面等
游乐区	电动游戏设施、文娱活动室、凳椅、树木、草地等
运动健身区	运动场地及设施、健身场地、凳椅、树木、草地等
儿童活动区	儿童游乐园及游戏器械、凳椅、树木、草地等
服务网点	茶室、餐厅、售货亭、公共厕所、凳椅、花草等
管理区	管理用房、公园大门、暖房、花圃等

居住区公园和城市公园相比，游人成分单一，主要是本居住区的居民；游园时间集中，多在一早一晚，特别在夏季晚上是游园的高峰。因此，加强照明设施，如灯具造型、夜香植物的布置，成为居住区公园布局的特色。

（二）居住小区中心游园

居住小区中心游园（简称小游园）如图4－8所示，其面积一般在4000m²以上，服务半径一般为400～500m。平面布置原则上分为规则式、自然式、混合式，按绿地使用功能不同，又可分为开放式、半开放式、封闭式。

1. 位置规划

①小游园一般布置在小区中心部位，方便居民使用。在规模较小的小区中，小游园也可在小区一侧沿街布置或在道路的转弯处两侧沿街布置。

图4－8　居住小区中心游园

②小游园应尽可能与小区公共活动或商业服务中心、文化体育设施等公共建筑设施结合布置，集居民游乐、观赏、休闲、社交、购物等多功能于一体，形成一个完整的居民生活中心。

③应充分利用自然山水地形、原有绿化基础进行小游园选址和布置。

2. 用地规模

小游园用地规模应根据小区规模和在城市中的位置以及周围城市公共绿地分布情况来确定。

①就小区规模而言，我国小区规模以10000人左右为宜，根据定额标准，小区公共绿地面积为1m^2/人，若小区中心游园和组团绿地各占50%，则小游园面积以5000m^2左右为宜，另一半可分散安排为住宅组团绿地。

②就小区周围市级、区级公共绿地分布情况而言，若附近有较大的城市公园或风景林地，则小游园面积可小一些；若附近没有较大城市公园或风景林地，可在小区设置面积相对较大的小游园。

③规划形式应根据小游园构思立意、地形状况、面积大小、周围环境和经营管理条件等因素确定。小游园平面布置形式可采用规则式、自然式、混合式和抽象式，分别如图4-9至图4-12所示。

图4-9 规则式

图4-10 自然式

图4-11 混合式

图4-12 抽象式

3. 规划内容

（1）影响小游园规划的因素

小游园规划的内容（或设施）主要应根据小游园的性质功能要求、服务对象需要、用地规模大小和环境条件等因素进行考虑。就性质功能而言，小游园主要是供附近居民游憩、观赏、休闲、交往的活动场所，其规划内容须考虑这些使用功能的要求，布置相应的空间和设施；就服务对象而言，小游园使用对象主要是老年人和少年儿童，所以应着重考虑老年人和儿童的活动需要，如布置供老年人休息、看报、下棋、聊天用的圆桌椅（凳）和进行轻微运动的健身场地，以及布置儿童游戏场地和相应活动器械等；就用地规模而言，若规模较大，则内容丰富，规模小，则设施简单；就环境条件而言，有内部现状条件和外界环境条件两个方面，要善于因借，如内部现状条件要充分利用地形山水和现有绿化基础，外围风景名胜要开辟透景线、作为借景等。

（2）具体内容

①入口处理。规划小游园时，为方便附近居民，常结合园内功能分区和地形条件，在不同方向设置出入口，但要避开交通繁忙的区域。

②功能分区。分区旨在让不同年龄、不同喜好的居民能够各得其所、乐在其中，同时又能互不干扰、组织有序，确保主题突出，便于管理。小游园因用地面积较小，主要表现在动、静的分区。例如，在活动区可设置儿童游戏和青少年运动场地；在安静休息区可设置供休息、观赏用的绿地和设施，如花坛、草坪、疏林、宣传栏、科普廊、阅览室以及圆桌椅等。应注意处理好动、静两区在空间布局上的联系与分隔问题。小游园的功能分区应明确、空间布局应紧凑。

③园路布局。园路是小游园的脉络，既可联系各休息活动场地和景点，又可分隔平面的空间，是小游园空间组织极其重要的要素和手段。园路布局宜主次分明、导游明显，以利于平面构图和组织游览。园路宽度以不小于两人并排行走的宽度为宜，最小宽度为0.9m，一般主路宽3m左右，次路宽1.5～2m。园路宜呈环套状，忌走回头路、等距绕水，宜随地形变化而起伏，随景观要求而曲折，弯曲自然、线型流畅，交叉口不宜过多。为了行走舒适和有利于排水，横坡一般为1.5%～2%，纵坡为1%左右，纵坡超过8%时要以台阶式布置。在园路转弯处可布置花丛、山石小品，增强沿途的趣味。在路两侧适当间距处局部加宽，布置桌椅，供游人小憩。园路可用鹅卵石、虎皮石、纹样铺砌或用预制彩色路面砖拼花等，以加强路面艺术效果，使其在树木衬映下更显优美。

④广场场地。小游园的小广场一般以游憩、观赏、集散为主，中心部位多设有花坛、雕塑、喷水池等装饰小品，四周多设座椅、花架、柱廊等，供人休息、欣赏。小

广场的标高一般与园路标高相同，但有时为了利用原地形或为了取得竖向变化的艺术效果，也可低于或高于园路。

小游园设计时，常利用植物分隔空间，开辟儿童游戏场、青少年运动场和中老年休息活动场。儿童游戏场的位置，要便于儿童前往和家长照顾，也要避免对居民的干扰，一般设在入口附近、稍靠边缘的独立地段上；其面积不需要太大，但场地应铺草皮或用透吸性强的砂质铺地或海绵塑胶面砖铺地；其游戏设施既应具有实用性，又应具有观赏性。青少年运动场一般设在小游园的深处或者靠近边缘独立设置，避免干扰住户；场地可布置一些体育运动设施；场地可根据活动内容进行铺装，并适当安排一些座凳。中老年休息活动场可单独设置，也可靠近或结合儿童游戏场设置，甚至可利用小广场或扩大的园路在高大的遮阴树下设置椅凳，形成绿荫广场；场地一般要进行铺装，便于开展多种活动。

⑤植物配置。植物种类的选择既要统一基调，又要各具特色，做到多样统一；注意季相变化和色彩配合；注意选择乡土树种、保健植物、夜香植物、浓荫落叶乔木、观赏型常绿乔灌木等；避免选择有毒、带刺、易引起过敏的植物。配置方式宜变化多样，如孤植、丛植、群植、疏林、花坛、花境、草坪等；注意利用植物划分和组织空间，形成有韵律节奏变化的空间景观。

⑥建筑小品。小游园以植物造景为主，在绿色植物映衬下，适当布置园林建筑小品，能够丰富绿地内容，增加游憩趣味，起到点景作用，也能为居民提供停留、休息、观赏的地方。小游园面积小，又为住宅建筑所包围，因此，园林建筑小品要有适当的尺度感，总的来说应"宜小不宜大，宜精不宜粗，宜巧不宜拙"，使之起到画龙点睛的效果。小游园的园林建筑小品主要有亭、廊、花架、水池、喷泉、花台、栏杆、座椅、圆桌凳以及雕塑、宣传栏、果皮箱、圆灯等。

（三）居住生活单元组团绿地

居住生活单元组团绿地（简称组团绿地）如图4-13所示，它是较接近居民的公共绿地，通常结合居住建筑组群布置。其服务对象是住宅组团内居民，主要是老年人和儿童。面积一般为1000~2000m²，服务半径一般为100~250m。这种绿地既使用方便，又无机动车干扰，为居民提供了一个安全、方便、舒适的游憩环境和社交场所。

图4-13 居住生活单元组团绿地

1. 布设位置

根据组团绿地在住宅组团内相对位置的不同，组团绿地布设的位置大体上可分为周边式住宅中间、行列式住宅山墙之间、扩大行列式住宅间距、住宅组团的一角、两组团之间、一面或两面临街、与公共建筑结合布置以及自由式布置。

2. 用地面积

每个组团绿地用地小、投资少、见效快，面积一般在1000～2000m²，一个小区通常有多个组团绿地。按定额标准，一个小区的组团绿地总面积在5000m²左右。

3. 平面构图形式

①中轴对称式。设计常以主体建筑入口中轴线为轴线组织景观序列，对称布局。其优点是庄重整齐，与周围建筑环境相协调，容易设计，鸟瞰效果更佳，有图案规整的美感。但其形式呆板，部分构图流于形式，缺少实用性。

②均衡不对称式。这种设计采用规则式布局，而构图是不对称的，追求总体布局均衡。其优点是易与周围建筑环境相协调，且可以创造自由灵活的局部空间。但其不易设计，处理不当往往会显得杂乱无章。

③自由式。这种设计采用自由式布局，局部入口、广场、小品等处穿插以规则形式。其优点是构图自然、灵活、新颖，运用自由曲线，给人以亲切柔美之感。但其不易设计，施工难度大，处理不好会有零乱之感，不易与周围建筑环境协调。

4. 空间布局方式

①开放式。开放式不以绿篱或栏杆与周围分隔，居民可以自由进入绿地内游憩活动。

②半封闭式。半封闭式用绿篱或栏杆与周围部分分隔，但留有若干出入口，可以进出。

③封闭式。封闭式绿地用绿篱或栏杆与周围完全分隔，居民不能进入绿地游憩，只供观赏，可望而不可即。

从使用与管理两方面看，半封闭式效果较好，如图4-14所示。

5. 规划设计内容

根据组团绿地服务对象及其使用功能需要，组团绿地规划设计内容大体上包括绿化种植、安静休息和游戏活动三个部分。

图4-14 半封闭式

①绿化种植部分。绿化种植部分如图4-15所示。可种植乔木、灌木、花卉和铺设草地，也可设花架种植爬藤植物，置水池种植水生植物。植物配置应考虑季相景观变化及植物生长的生态要求。

图4-15　绿化种植部分

②安静休息部分。安静休息部分如图4-16所示，可设亭、花架、桌椅、阅报栏、园灯等建筑小品，并布置一定的铺装地面和草地，供老年人坐憩、闲谈、阅读、下棋或练拳等。

③游戏活动部分。游戏活动部分如图4-17所示，可分别设计幼儿和少儿活动场，供儿童进行游戏和简易体育活动，如捉迷藏、玩沙堆、戏水、跳绳、打乒乓球等，还可选设滑、转、荡、攀、爬等器械的游戏。

图4-16　安静休息部分

图4-17　游戏活动部分

6. 其他注意要点

①组团绿地出入口的位置、道路、广场的布置应与绿地周围的道路系统及人流方向结合考虑，如图4-18所示。

（a）

（b）

图4-18　组团绿地道路与广场

②如图4-19所示，组团绿地内要有足够的铺装地面，以方便居民休息活动，同时也有利于绿地的清洁卫生。一般而言，绿地覆盖率要求在60%以上，游人活动面积率为50%~60%。为了有较高的绿地覆盖率，同时保证活动场地的面积，可采用铺装地上留穴种植乔木的方法，形成树荫场地或林荫小广场。

图4-19　组团绿地内的铺装地面

③一个居住小区往往有多个组团绿地，这些组团绿地的布局、内容及植物配置应各有特色，或形成景观序列。例如，常州市清潭小区以"梅""兰""竹""菊"命名的四个组团绿地各有特色，各个组团建筑上也镶以梅、兰、竹、菊的浮雕装饰，取得了良好的效果。又如郑州市绿云小区有"阳春""平湖""秋月""白雪"四个组团绿地，每个组团绿地植物的季相景观各具特色，且在入口处设有不同的标志，在一个小区内构成了有时空变化的序列景观。其中，阳春园以春景为主，入口以抽象的竹笋寓意春的生机盎然；平湖园以夏景为主，入口由湖蓝色的面砖装饰，让居民感受到夏日里蔚蓝的大海所带给人们的清爽惬意；秋月园以秋景为主，入口用黄色喷砂的月牙造型代表秋的美丽丰韵；白雪园以冬景为主，入口采用几个大雪球来表现冬的洁白静谧，这四个组团绿地既有区别，又有联系。在突出每个组团绿地主景的同时，还协调配置了其他植物，使每个组团内三季有花，季季有景。

二、专用绿地的布置

居住区公共建筑和公用设施专用绿地的布置应注意以下几点：

①满足各公共建筑和公用设施的功能要求。例如，学校内应设置运动场、生物园、自行车棚等；幼儿园内应设置游戏场、活动场、小型动植物试验场等；医院绿地可考虑病人候诊休息的室外绿地、试验动物的饲养场地、药用植物的处理及晾晒杂院等。

②结合周围环境要求布置。绿地布置在住宅西侧时，树木对住宅可起到防止西晒

和阻隔噪声的作用；布置在住宅建筑中间时，能够起到划分院落与相邻住宅组团绿地空间的作用。

③专用绿地若能与小区公共绿地相邻布置，连成一片，扩大绿色视野，则效果更佳。例如江苏常州花园小区公共绿地，其面积不大，但其与东、南、西四组低层公共建筑（幼儿园、托儿所、文化站和邮局）的庭院绿地连成一片，通过精巧低矮的花园墙，使几个绿化空间相互渗透，相互借景，取得了很好的效果。

表4-14所示为各类居住区公共绿地特征一览表。

表4-14 各类居住区公共绿地特征一览表

分级	住宅组团级	小区级	居住区级
类型	组团绿地	小区公园	居住区公园
使用对象	住宅组团居民，特别是儿童和老年人	居住小区居民	居住区居民和部分一般市民
设施内容	简易儿童游戏设施、座凳、树木、草地、花卉、铺地	儿童游戏设施、老年人活动游戏场地设施、园林小品建筑和铺地、小型水体水景、地形变化、树木、草地、花卉、出入口	少年儿童活动场、休息活动场所、服务建筑、园林建筑小品、地形、水体水景、树木草地、花卉、专用出入口、管理建筑
用地	>1000m²	>4000m²	>10000m²
居民步行到达时间	2~4min	5~8min	8~15min
内部布局要求	灵活布置	有一定功能区域划分	有明确的功能和景观区域划分

三、宅旁绿地设计

（一）宅旁绿地的功能作用

宅旁绿地即位于住宅四周或两幢住宅之间的绿地，是居住区绿地的基本单元，也是较接近居民的绿地，与居民日常生活密切相关。其功能主要是美化生活环境，阻挡外界视线、噪声和灰尘，满足居民夏天纳凉、冬天晒太阳、就近休息赏景以及幼儿就近玩耍等需要，为居民创造一个安静、卫生、舒适、优美的生活环境。

（二）宅旁绿地的布置类型

宅旁绿地布置因居住建筑组合形式、层数、间距、住宅类型、住宅平面布置形式的不同而异，主要包括树林型、植篱型、庭院型、花园型及草坪型。

1. 树林型

树林型如图4-20所示，它采用高大乔木多行成排地布置，对改善小气候有良好作用。这种类型大多为开放式，居民可在树荫下开展活动或休息。但其缺乏灌木和花草搭配，比较单调，而且容易影响室内通风采光。

（a）　　　　　　　　　　　　　　　（b）

图4-20　树林型

2. 植篱型

植篱型如图4-21所示，它采用常绿或观花、观果或带刺的植物组成绿篱、花篱、果篱、刺篱，围成院落或构成图案，或在其中种植花木、草皮。

图4-21　植篱型

3. 庭院型

庭院型如图4-22所示，它采用砖墙、预制花格墙、水泥栏杆、金属栏杆等在建筑正面（南、东）围出一定的面积，形成首层庭院。在庭院内，居民可根据需要及自身爱好选种花木，安排晒衣、家务、游憩、休息场地，并在围栏上布置攀缘植物。

图4-22 庭院型

4. 花园型

花园型如图4-23所示，在宅间以绿篱或栏杆围出一定的范围，布置乔灌木、花卉、草地和其他园林设施。其形式灵活多样，层次、色彩都比较丰富。这种类型既可遮挡视线、隔音、防尘和美化环境，又可为居民提供就近游憩的场地。

（a）　　　　　　　　　　　　（b）

图4-23 花园型

5. 草坪型

草坪型如图4-24所示，它以草坪绿化为主，在草坪的边缘或某一处种植一些乔木或花灌木、草花等。这种类型多用于高级独院式住宅，也可用于多层行列式住宅。

图4-24 草坪型

（三）宅旁绿地设计要点

1. 入口处理

宅旁绿地入口使用频繁，常拓宽形成局部休息空间，或设花池、常绿树等重点点缀，引导游人进入绿地。

2. 场地设置

注意将宅旁绿地内部分游道拓宽成局部休憩空间或布置游戏场地，便于居民活动。切忌内部拥挤封闭，使人无处停留。

3. 小品点缀

宅旁绿地内小品主要以花坛、花池、树池、座椅、园灯为主，重点处设小型雕塑及小型亭、廊、花架等。所有小品均应体量适宜，且应经济、实用、美观。

4. 设施利用

宅旁绿地入口处及游览道应注意少设台阶，减少障碍。道路设计应避免分割绿地及出现锐角构图，舒适座椅及桌凳、晒衣架、果皮箱、自行车棚等设计也应讲究造型，并与整体环境景观协调。

5. 植物配置

①各行列、各单元的住宅树种选择要在基调统一的前提下各具特色，成为识别的标志，起到区分不同行列、不同单元住宅的作用。

②宅旁绿地树木、花草的选择应注意居民的喜好、禁忌和风俗习惯。

③住宅四周植物的选择和配置。一般地，在住宅南侧，应配置落叶乔木，以利夏季遮阴和冬季晒太阳，还应考虑东南凉风的导入；在住宅北侧，由于工程管线较多而又背阳，应选择耐阴花灌和草坪配置，若面积较大，可采用常绿乔灌木及花草配置，既能起分隔观赏作用，又能抵御冬季西北寒风的袭击；在住宅东、西两侧，可栽植落叶大乔木或利用攀缘植物进行垂直绿化，有效防止夏季东晒和西晒，以降低室内气温，美化装饰墙面。

④窗前绿化要综合考虑室内采光、通风、噪声、视线干扰等因素。一般在近窗种植低矮花灌或设置花坛，便于室内采光、通风，避免行人临窗而过；通常在高住宅窗前 $5 \sim 8m$ 之外，才能分布高大乔木，或移竹当窗，以喻主人高雅、刚健、潇洒的品性。

⑤在高层住宅的迎风面及风口应选择深根性树种，并应注意根据当地主导风向，合理布置树丛、林带，借以加强气流速度（通风）或改变气流方向（挡风）。

⑥绿化布置还应注意空间尺度感，以免由于植物配置不当而造成拥挤、压抑的不良心理感觉。树木的体量大小要与庭院面积、建筑间距、层数相适应。

⑦住宅附近地上、地下工程管线比较密集，植物配置应按规范预留足够间距，以免后患。

⑧应注意结合室内外绿化,将室外宅旁绿化与室内绿色装饰(插花、盆栽、盆景)通过门窗、敞厅、天井等连成一体,使居民虽居室内,却如置身于室外的绿色环境之中。

6. 空间布局

住宅周围绿化,尤其是高层住宅,平面布置应注意俯视观赏的艺术效果和完整性,可采用现代流线型、大色块造景手法,构成简洁图案。立面构图应注意满足居民喜欢舒展开敞的自然空间的要求,在创造富于变化的绿色空间的前提下,多结合周围环境布置一些开敞空间。图4-25和图4-26所示分别为低层、多层住宅绿地空间布局。

向阳面以落叶乔木为主;住宅北侧选择耐阴的花灌木及草坪,以绿篱围出一定范围;住宅东西两侧种植落叶大乔木或设置绿色荫棚,种植攀缘植物;靠近房基处种植低矮灌木,高大乔木距建筑5m以上。四周绿化以草坪绿化为主,草坪边缘种植乔木或花灌木、草花;或以常绿或开花植物组成绿篱,构成各种图案,便于俯视。

(a)

(b)

图4-25 低层住宅绿地空间布局

(a)

(b)

图4-26 多层住宅绿地空间布局

四、道路绿地

居住区道路相较于城市街道,不仅是车辆交通、职工上下班、日常生活的必经通道,而且是居民游憩、散步的重要场所。因此,其绿化布置应不同于市区街道的气氛，使乔木、灌木、绿篱、花卉、草地相结合，形成绿树成荫、花团锦簇、层次分明、富于变化的景观效果。居住区道路绿化应根据道路级别、功能、断面组成、走向、地上及地下管线和两边住宅布置形式等情况进行布置。

1. 主干道绿化

主干道（区级）是联系城市干道与居住区内部各小区的主要道路，通常宽10~12m，除行人外，车辆交通比较频繁。行道树的栽植要考虑行人的遮阴与车辆交通安全，在交叉口及转弯处应依照安全三角视距要求，留有安全视距；主干道路面宽阔，宜选用姿态优美、冠大荫浓的乔木进行行列式栽植，形成绿荫通道；各条主干道树种选择应有所区别，体现变化统一的原则；中央分车绿带可用低矮花灌和草皮布置；在人行道与居住建筑之间，可多行列植或丛植乔灌木，以防止尘埃和阻挡噪声；人行道绿带还可用耐阴花、灌木和草本花卉种植形成花境，借以丰富道路景观；或结合建筑山墙、路边空地采取自然式种植，布置小游园和游憩场地。主干道绿化如图4-27所示。

（a）

（b）

图4-27　主干道绿化

2. 次干道绿化

次干道（小区级）是联系居住区主干道和小区内住宅组团之间的道路，通常宽6~7m。其使用功能以人行为主，通车次之，也是居民散步之地。绿化布置应着重考虑居民观赏、游憩需要，力求丰富多彩、生动活泼。树种选择上，可以多选观花或富于叶色变化的小乔木或灌木，如合欢、樱花、红叶李、红枫、乌桕、栾树等，每条道路选择不同树种、不同断面种植形式，使其各有个性；在一条路上以某一两种花木为主体，形成特色，还可以主要树种给道路命名，如合欢路、樱花路、紫薇路等，便于行人识别方向和道路。次干道绿化还可以结合组团绿地、宅旁绿地等进行布置，以扩大绿地空间，形成整体效果。次干道绿化如图4-28所示。

图4-28 次干道绿化

3. 住宅小路绿化

住宅小路联系各幢住宅，通常宽3～4m。其使用功能以人行为主，必要时可通行搬运车和救护车。绿化布置可以在一边种植乔木，另一边种植花灌、草坪；宅前绿化不能影响室内采光或通风；各幢住宅（单元住户）前面（或门前）应选用不同植物，采用不同形式进行布置，以利于分辩方向、识别家门；小路交叉口有时可适当拓宽，与休息场地结合布置；在公共建筑前，可以采取扩大道路铺装面积的方式与小区公共绿地、专用绿地、宅旁绿地结合布置，设置花台、座椅、活动设施等，创造一个活泼的活动中心。住宅小路绿化如图4-29所示。

图4-29 住宅小路绿化

● 活动设计

设计场所：专业教室。

所需工具：A2图纸、画板、针管笔、铅笔、马克笔或彩铅。

活动实施：完成"绘制居住区绿地总平面图和分区平面图"活动实施表中的内容，如表4-15所示。

表4-15 "绘制居住区绿地总平面图和分区平面图"活动实施表

序号	步骤	操作及说明
1	确定位置，整理底图	根据现场勘察数据进行总体规划设计，拟定规划设计指导思想
2	绘制总平面图	确定小区总体布局和功能分区；确定道路广场出入口；水体系统设计；地形地貌设计；各种建筑小品的设计；公共设施设计；植物绿化设计
3	图例	完成建筑及植物的图例设计
4	色彩表现	根据设计要求对总平面图进行色彩表现
5	绘制分区平面图	完成分区平面图，并完善细节设计

任务四 编制设计说明书

职业能力 搜集整理行业标准和国家规范并编制设计说明书

居住区绿地设计标准是指为了改善城市居住环境，提高人们的生活质量而制定的一系列规范和标准。它涉及城市规划、建筑设计、景观设计等多个领域，旨在打造宜居、宜人的居住环境，提供人们所需的绿色空间和休闲设施。居住区绿地设计标准的制定和落实对于城市的可持续发展起着重要的作用。

按国家有关规定，对小区绿化环境的选择有四点标准。一是小区要封闭管理，保证小区绿化环境为所在小区居民服务，增进居民的领域感，保证小区环境的安全与安静。二是要有足够的绿化面积，新区住宅建设的绿地率不应低于30%，旧区不低于25%，绿地指标组团不低于$0.5m^2$／人，整个小区绿化不小于$1m^2$／人；同时，绿地还要有充足的日照时间，满足居民区活动的要求，成片的绿地应满足1/3以上面积在日照覆盖范围内。三是绿地应接近居民住宅，以利于观赏使用。四是绿地空间应包含一定数量的活动场地（如儿童游戏场），并布置座椅、铺装地石等设施，以满足居民休息、散步、运动、健身的需要。相关要求可参考《城市居住区规划设计标准》（GB 50180—2018），不同地区也会依据自身情况制定当地的规范及标准。

● 相关知识

居住区绿地设计说明书主要是为了说明规划设计意图，主要包括以下内容。

1. 项目背景与目标

①背景分析。阐述居住区的地理位置、环境特点、现有绿地状况及存在的问题。

②目标设定。明确绿地规划设计的总体目标,如提升居民生活质量、改善生态环境、增加绿地覆盖率等。

2. 规划理念与原则

①规划理念。阐述规划设计的核心理念,如以人为本、生态优先等。

②规划原则。提出具体的设计原则,如功能性、整体性、文化性、可持续性等。

3. 绿地布局与分区

①布局规划。根据居住区的整体结构,合理规划绿地的布局。

②分区设计。根据功能需求和居民活动特点,将绿地划分为不同的区域,如公共活动区、静谧休息区、儿童游乐区等。

4. 植物配置与树种选择

①植物配置。描述植物在绿地中的分布、密度及搭配方式。

②树种选择。列出推荐的树种,并解释选择的原因,如适应性、景观效果、生态价值等。

5. 景观设施与小品

①景观设施。规划座椅、灯具、雕塑等景观设施,以满足居民的不同需求。

②景观小品。描述独特的景观细节,如水景、石景等,以增添绿地的艺术性和趣味性。

6. 步行系统与休闲设施

①步行系统设计。规划人行道路、步道等,确保居民在绿地中的通行便捷和安全。

②休闲设施规划。提供健身器材、棋牌桌等设施,满足居民的休闲需求。

7. 灌溉与排水规划

①灌溉系统。设计合理的灌溉系统,确保植物的健康生长。

②排水系统。规划有效的排水系统,防止绿地积水,保证居住区的安全。

8. 生态保护与可持续措施

①生态保护。描述如何保护绿地中的生态环境,如保护现有植被、设置生态缓冲区等。

②可持续措施。提出节能、节水、减排等可持续措施,如使用太阳能灯具、雨水收集系统等。

居住区绿地设计说明书旨在为居住区的绿地规划设计提供全面的指导,确保项目的顺利进行和目标的顺利实现。在实际操作中,应根据具体情况进行调整和优化。

园林规划设计

● **活动设计**

设计场所：专业教室。

所需工具：A2图纸、笔。

活动实施：完成"搜集整理行业标准和国家规范并编制设计说明书"活动实施表中的内容，如表4-16所示。

表4-16 "搜集整理行业标准和国家规范并编制设计说明书"活动实施表

序号	步骤	操作及说明
1	项目背景分析	介绍项目背景
2	规划目标与原则	确定规划目标以及该项目的设计原则
3	规划布局与功能分区	确定规划布局并进行功能分区
4	景观设计	景观设计着重于植物配置与小品设置

● **评价反馈**

（1）组间展示工作成果，学生讨论，教师检查工作成果。

（2）教师与学生一起评价工作成果。

（3）教师总结方案设计中出现的问题，并给出解决意见。师生共同总结重要知识点。

（4）完成图纸检查表、工作任务检查表、考核标准及考核成绩表，分别如表4-17至表4-20所示。

表4-17 图纸检查表

序号	项目与技术要求	分值	检查标准	实测记录	备注
1	立意构思	20分	能够结合周围环境特点，进行设计的立意构思，并能做到设计新颖、巧妙		
2	树种选择	20分	能够根据居住区绿地绿化的环境特点，在保证安全性和景观性的前提下，合理地进行树种选择		
3	方案的可实施性	20分	居住区绿地方案设计能够满足不同使用者的视觉要求和使用要求		
4	方案的景观性	20分	居住区绿地绿化设计富有时代气息，景观效果好		
5	设计图表现	20分	设计图样能够准确表达设计构思，符合制图规范，图面整洁		

表4-18　工作任务检查表

序号	评价项目	工作任务完成情况	签名
1	图纸、文本文件完成情况		
2	独立完成的任务		
3	小组合作完成的任务		
4	教师指导下完成的任务		

表4-19　考核标准

序号	考核项目	分值	考核标准	得分	备注
1	学习态度与参与程度	10分	组员均能积极参与学习活动，献计献策，发表意见		
2	学习作品质量	35分	设计方案能够满足设计要求，符合设计规范，图纸质量好，植物图例表现准确，比例合理，设计说明书阐述清晰明了		
3	作品展示、交流	5分	认真向其他组学习，讲解本组设计意图		
4	表达能力	5分	口语表述清楚、流利，言简意赅		
5	答辩能力	5分	准确解答提问者的问题，态度诚恳		
6	资料搜集、统计、分析能力	5分	资料翔实、有用，统计准确，分析明了		
7	小组合作	5分	以小组集体利益为先，能够尊重他人意见，成员关系和谐		
8	工作程序	5分	简明有效		
9	学习、工作的独立性	10分	本小组独立设计工作方案，完成立地类型表的编制，独立解决遇到的问题		
10	外语能力	5分	准确使用相关英语术语		
11	环境意识	5分	保持教室卫生，不得大声喧哗		
12	遵守纪律	5分	按时上下课，自觉维护课堂秩序		
	合计	100分			

表4-20 考核成绩表

序号	考核项目		分值	学生自评（20%）	学生互评（20%）	教师评价（60%）	得分	备注
1	课内综合项目考核（70分）	学习态度与参与程度	10分					
		学习作品质量	35分					
		作品展示、交流	5分					
		表达能力	5分					
		答辩能力	5分					
		资料搜集、统计、分析能力	5分					
		小组合作	5分					
2	素质目标成绩评定标准（30分）	工作程序	5分					
		学习、工作的独立性	10分					
		外语能力	5分					
		环境意识	5分					
		遵守纪律	5分					
合计			100分					

项目五 公园绿地设计

● **知识目标**

（1）能够了解公园绿地基本概念。
（2）能够掌握不同类型公园绿地的特点和设计要点。
（3）能够掌握不同类型公园绿地设计的原则。
（4）能够掌握公园绿地功能分区类型及不同分区的设计要点。
（5）能够掌握公园园路的类型及功能。
（6）能够掌握公园植物配置的方法及原则。

● **技能目标**

（1）能够对公园绿地进行现场勘察、测量并进行场地环境分析。
（2）能够绘制公园绿地功能分区图。
（3）能够绘制公园绿地分区详图。
（4）能够绘制公园景观的立面、剖面图。
（5）能够绘制局部效果图。
（6）能够编制设计说明书。

● **素养目标**

（1）培养资料搜集、分析与评价的能力。
（2）培养按照制图规范及标准制图的能力。
（3）能够遵守国家和地方关于公园规划设计的相关规范。
（4）培养勤于思考、善于动手、勇于创新的精神。
（5）培养团队合作意识。
（6）培养表述与合理答辩的能力。

任务一　公园绿地现状调研

职业能力1　公园绿地资料记录与分析

公园绿地是城市中向公众开放的以游憩为主要功能,有一定的游憩设施和服务设施,同时兼有生态维护、环境美化、减灾避难等综合作用的绿化用地,是城市建设用地、城市绿地系统和城市市政公用设施的重要组成部分,是展示城市整体环境水平和居民生活质量的一项重要指标。其规模可大可小。

公园绿地设计前,应对设计场地进行现状调研、测量和记录,形成基地现状图和分析文字,同时搜集现场照片,方便随时查阅和对比。

设计前,应进行实地勘察并填写公园绿地现场勘察、调查表,如表5-1所示。

表5-1　　　　　　　公园绿地现场勘察、调查表

序号	勘察、调查对象		详情记录	备注
1	基础资料	公园绿地所在城市及区域的历史变革		
		城市的总体规划与各个专项规划		
		城市经济发展计划		
		社会发展计划		
		城市环境质量		
		城市交通条件		
2	外部条件	地理位置		
		人口状况		
		交通条件		
		城市景观条件		
3	公园绿地基地条件	气象状况		
		水文状况		
		地质、地形、土壤状况		
		山体土丘状况		
		植被状况		
		建筑状况		
		历史状况		
		市政管线		
		造园材料		

在公园绿地总体规划设计时，应由甲方提供以下图样资料：

①地形图。提供1∶2000、1∶1000或1∶500园址范围内总平面地形图。

②建筑物的平面图、立面图。平面图注明室内、室外标高，立面图标明建筑物的尺寸、颜色、材质等内容。

③现状植物分布位置图（比例为1∶500左右）。主要标明要保留林木的位置，并注明品种、胸径、生长状况。

④地下管线图。地下管线图的比例一般与施工图比例相同，图内包括要保留的给水、雨水、污水、电信、电力、散热器沟、煤气、热力等管线位置以及井位等，提供相应剖面图，并需要注明管径大小、管底及管顶标高、压力、坡度等。

● 相关知识

进行公园绿地设计前，甲方应选派熟悉基地情况的人员陪同设计师到现场踏勘。规划设计前必须掌握的资料如下。

一、基础资料

基础资料包括公园所在城市及区域的历史变革、城市的总体规划与各个专项规划、城市经济发展计划、社会发展计划、产业发展计划、城市环境质量、城市交通条件等。

1. 公园外部条件

①地理位置。公园在城市中与周边其他用地的关系。

②人口状况。公园服务范围内的居民类型，人口组成结构、分布、密度、发展及老龄化程度。

③交通条件。公园周边的景观及城市道路的等级、公园周围公共交通的类型与数量、停车场分布、人流集散方向。

④城市景观条件。公园周边建筑的形式、体量、色彩。

2. 公园基地条件

①气象状况。年最高、最低及平均气温，历年最高、最低平均降水量，温度，风向与风速，晴雨天数，冰冻线浓度，大气污染等。

②水文状况。现在水面与灌溉系统的范围，水底标高，河床情况，常水位，最高与最低水位，历史上最高洪水位的标高，水流方向、水质、水温与岸线情况，地下水的常水位与最高、最低水位的标高，地下水的水质情况。

③地质、地形、土壤状况。地质构造、地基承载力、表层地质、冰冻系数、自然稳定角度，地形类型、倾斜度、起伏度、地貌特点，土壤种类、排水、肥沃度、土壤侵蚀等。

④山体土丘状况。位置、坡度、面积、土方量、形状等。

⑤植被状况。现有园林植物、生态、群落组成，古树、大树的品种、数量、分布、覆盖范围、地面标高、质量、生长情况、姿态及观赏价值。

⑥建筑状况。现有建筑的位置、面积、高度、建筑风格、立面形式、平面形状、基地标高、用途及使用情况等。

⑦历史状况。公园用地的历史情况，现有文化古迹的数量、类型、分布、保护情况等。

⑧市政管线。公园内及公园外围供电、给水、排水、排污、通信情况，现有地上及地下管线的种类、走向、管径、埋设深度、标高和柱杆的位置高度。

⑨造园材料。公园所在地区优良植被品种、特色植被品种及植被生态群落生长情况，造园施工材料的来源、种类、造价等。

3. 建设单位调查

在对公园绿地园址及其环境条件进行分类调查以及设计用图准备就绪后，设计者应对建设单位的要求和希望进行详细了解，以便在设计方案中，能够合理反映建设单位的期望和需求。调查方法包括与建设单位领导及员工进行座谈、讨论或以书面形式征求意见。同时，还应了解建设单位的性质和历史情况；了解建设单位的养护管理能力、技术力量和施工机械状况等。

二、现状调研成果

调研搜集资料后应进行整理分析，为公园绿地规划提供依据。在不同的项目中，影响公园绿地设计的主导因素各不相同。在项目初期，必须明确影响公园绿地设计的主导因素。

在各个阶段，应完成区位分析图、现状分析图等，并用文字或图纸的方式加以表达。

● **教学案例**

前期调研报告

● **活动设计**

设计场所：某市某公园。

所需工具：测量工具、铅笔、速写本、相机或手机。

活动实施：完成"公园绿地资料记录与分析"活动实施表中的内容，如表5-2所示。

表5-2　"公园绿地资料记录与分析"活动实施表

序号	步骤	操作及说明
1	准备设计底图	若甲方提供原始平面图，则应进行现场测绘、记录尺寸；若甲方未提供原始平面图，则应先绘制平面草图，再进行测绘
2	拍摄现场照片	拍摄现场照片，以便于在设计时回忆场地特征，为后期效果图制作提供素材
3	场地调查与分析	在设计图上标注基地的尺寸、地面设施及地下管线；记录土质情况和地面大小；记录地下水质情况；测量记录现状地形高差；记录保留树种的名称、位置及其他植物种类

职业能力2　人文环境、人文景观调查与分析

人文环境指人类社会在发展过程中，受到历史文化、社会观念、宗教信仰、民俗风情、教育科技、语言文字、艺术审美以及人与自然关系等多方面因素影响而形成的一种综合性环境。这种环境不仅塑造了人们的思维方式、行为模式，还深刻影响着社会的发展进程。

人文景观是人类社会在长期发展过程中，与自然环境相互作用的产物，它融合了文化、历史、艺术、建筑、社会、地理和宗教等多个方面。人文景观不仅体现了人类文明的智慧，也是地域文化和民族特色的重要载体。

● **相关知识**

一、人文环境

1. 历史文化背景

历史文化背景是人文环境的核心组成部分。它涵盖了一个地区或民族的历史沿革、文化传承、古迹遗址等方面。历史文化背景不仅影响着人们的价值观和行为准则，还为人们提供了认同感和归属感。

2. 社会价值观念

社会价值观念是指社会中普遍认可的道德标准、行为准则和价值取向。这些观念反映了社会的信仰、传统和习惯，影响着人们的行为和决策。

3. 宗教信仰体系

宗教信仰体系是人文环境中的重要组成部分，对人们的生活、文化和社会组织产生深远影响。不同的宗教信仰体系塑造了不同的道德观念、社会习俗和文化传统。

4. 民俗风情习惯

民俗风情习惯是指一个地区或民族在长期生活中形成的独特的生活方式和传统习俗。这些生活方式和传统习俗反映了人们对生活的理解和追求，是人文环境的重要体现。

5. 教育发展水平

教育是一个地区或国家发展的关键因素之一。教育发展水平的高低直接影响着人们的知识结构、思维能力和创新能力，进而影响着人文环境的发展。

6. 语言文字特色

语言文字是文化传承和社会交流的重要工具。不同的语言文字特色反映了不同的历史、文化和思维方式，是人文环境的重要组成部分。

7. 艺术审美取向

艺术审美取向是指一个地区或民族对美的追求和表达方式。不同的艺术审美取向反映了不同的文化传统和价值观，为人文环境增添了丰富的色彩。

8. 人与自然的关系

人与自然的关系是人文环境的重要组成部分。一个地区或民族对自然的态度和行为方式，不仅影响着生态环境的保护和可持续发展，还反映了其文化传统和价值观。

二、人文景观

1. 历史文化背景

人文景观的历史文化背景是其形成和发展的根基。每一处人文景观都承载着丰富的历史信息和文化内涵，反映了不同历史时期的社会风貌和文化传统。

2. 建筑风格特色

建筑风格特色是人文景观的重要组成部分。不同的建筑风格和建筑技艺体现了不同地域、不同民族、不同时期的审美观念和文化特色。从古代的宫殿、寺庙，到现代的摩天大楼，建筑风格特色反映了人类文明的演变。

3. 艺术审美价值

人文景观往往具有很高的艺术审美价值。它们通过形式、线条、色彩等手段，传达丰富的艺术信息，给人以美的享受和心灵的启迪。

4. 社会功能作用

人文景观在社会中扮演着重要的角色。它们不仅满足了人们的居住、宗教、娱乐等需求，还是社会交流、文化传承、教育启迪的重要场所。

5. 地域文化体现

人文景观是地域文化的直接体现。不同地域的文化传统、生活方式、价值观念等都在人文景观中得到了展现，使得每个地区的人文景观都具有独特的魅力。

6. 民族特色传承

人文景观也是民族特色传承的重要载体。许多人文景观都是民族智慧的结晶，它们通过建筑、雕刻、绘画等形式，传承了民族的历史、文化和价值观。

7. 宗教信仰影响

宗教信仰对人文景观的形成和发展产生了深远的影响。许多人文景观（寺庙、教堂等）都是宗教信仰的产物，是宗教文化传播的重要场所。

8. 人与自然关系

人文景观是人与自然相互作用的产物。在人文景观的规划和建设中，人们充分考虑了自然环境的特点和规律，力求实现人与自然的和谐共生。这种对自然环境的尊重和利用，体现了人类文明的智慧和进步。

活动设计

设计场所：某公园。

所需工具：铅笔、速写本、相机或手机。

活动实施：完成"人文环境、人文景观调查与分析"活动实施表中的内容，如表5-3所示。

表5-3 "人文环境、人文景观调查与分析"活动实施表

序号	步骤	操作及说明
1	网络调查	通过网络搜集、调查设计公园绿地所在区域的人文特征、区域气候条件、历史发展沿革、建筑环境特征，得出可靠的调研结果
2	记录文化细节	通过实际调研，记录能反映出当地地域文化的事物，如传说、名人轶事、当地有特征的建筑物及构筑物等，为后期人文分析、地域分析提供资料
3	问卷调查	通过场地基本分析，制作有针对性的调查问卷，开展群众调查，明确设计地块存在的问题和未来发展方向
4	资料整理	得到当地调研资料后依据项目主题进行资料整合，通过所得数据进一步提炼和整理，提出主要设计问题，结合场地限制和发展潜力生成设计概念

> **职业能力3** 区位与周边环境分析

区位主要指某事物所占据的场所或位置。在不同的学科和语境中，区位的含义有所不同，但通常都涉及该事物在空间上的位置、布局、分布以及与其他事物的空间关系。

区位分析是一个综合性的过程，需要综合考虑地理位置、自然环境、经济状况、社会文化、交通条件、政策法规和人口结构等多个方面。通过对这些方面的深入分析，可以评估一个地区的发展潜力，为未来的规划和决策提供科学依据。

● 相关知识

一、公园区位分析

以某公园为例，介绍公园区位分析包含的内容。

1. 地理位置概述

该公园绿地位于城市的中心地带，具体位于××街道或地区。其地理坐标清晰明确，毗邻多条主干道，使得公园在城市空间布局中占据了一个重要的节点位置。

2. 周边环境分析

公园周边多为居住区和商业区，拥有较高的人口密度。居住区内有多栋住宅楼和公寓，商业区则包含各类商店、餐饮店和小型市场。此外，公园附近还有学校、医疗机构和社区中心等设施，为周边居民提供了便捷的生活服务。

3. 交通便利性

该公园交通便利，周边有多条公交线路和地铁线路经过，方便市民到达。公园周边还设有停车场，方便自驾游的市民。此外，公园周边道路宽敞，行人和车辆可顺畅通行。

4. 区域人口分布

根据最近的统计数据，公园周边的人口密度较高，以居住用地为主。在公园的不同方向，人口分布有所差异，但整体上，周边居民对公园的可达性较高，公园成为附近居民休闲娱乐的重要场所。

5. 土地利用现状

公园周边土地利用现状以居住用地和商业用地为主，其中居住用地占据较大比例。公园内部则分为绿化区、活动区、休闲区等不同功能区域，土地利用合理且多样化。

6. 公共设施配套

公园内设有多个入口，方便市民进出。公园内部配备儿童游乐设施、健身器材、座椅等，满足市民的多样化需求。此外，公园还设有洗手间、售货亭等服务设施，为市民提供便利。

7. 生态环境评估

该公园绿树成荫，植被覆盖率高，生态环境良好。公园内部有多个湖泊和溪流，水质清澈，为市民提供了优美的水景。此外，公园还注重野生动物保护，为市民提供了与自然共生的生态体验。

8. 未来发展潜力

随着城市的不断发展，该公园的未来发展潜力巨大。首先，随着周边居民区的不断扩展，公园将吸引更多市民前来游玩，提高其社会影响力。其次，公园可通过增加文化元素、举办特色活动等方式吸引更多游客，提升其知名度。此外，公园还可与周边商业区合作，开发商业配套设施，提高经济效益。

二、周边环境调查

除应了解设计场地的基本情况外，还要了解设计场地的周边环境条件。周边环境调查是一项综合性的研究活动，旨在搜集和分析特定地理位置周围的自然、社会、经济和环境信息。

● **活动设计**

设计场所：某公园。

所需工具：铅笔、速写本、相机或手机。

活动实施：完成"区位与周边环境分析"活动实施表中的内容，如表5-4所示。

表5-4　"区位与周边环境分析"活动实施表

序号	步骤	操作及说明
1	了解设计场地周围交通流线情况	通过卫星图或设计底图，了解场地周围的交通流线，主干道、人流、车流流向，公交设施位置
2	了解场地周围地块的用地性质	现场勘察或通过资料查找的方式确定周围地块的用地性质，明确服务对象和功能属性
3	绘制区位分析图	按要求绘制区位分析图，标注区位的名称或位置

任务二　公园绿地方案初步设计

职业能力1　相关案例搜集与整理

进行方案设计前，应对相关公园绿地设计优秀案例进行搜集与整理，并对其进行剖析，从而拓宽设计思路。

● **相关知识**

一、公园案例选择要求

1. 典型性案例

典型性案例指能够体现事物发展普遍规律的案例。通过对典型性案例的学习，从而分析事物的普遍规律。

2. 特色性案例

特色性案例指在某个方面个性突出的案例，如设计手法别出心裁、设计材料挑战传统、设计效果非同凡响等。特色性案例能够开阔视野、拓宽设计灵感、激发创作热情，对培养设计创新能力具有显著效果。

3. 多样性案例

选择和组织案例时，应以典型性案例为主，兼顾特色性案例，及时搜集和补充国内外的公园绿地设计优秀作品。同时，所选案例应具备图纸齐全、效果清晰等特点。

优秀案例应展现公园设计方案背景、平面图分析、道路系统分析、布局形式、部分效果图、主要景点图片、植物景观设计。

二、案例分析的方法

1. 文献资料搜集

查阅相关规划设计文献、政策法规和研究成果，了解公园绿地规划设计的理论和实践。

2. 比较分析

对不同案例进行比较分析，找出共性和差异，分析影响公园绿地规划设计效果的因素。

3. 实地调查

对公园绿地规划设计案例进行实地调查，了解现场实际情况，搜集相关数据和资料。

4. 归纳总结

对分析结果进行归纳总结，提炼出成功经验和教训，提出改进建议和未来发展方向。

● **教学案例**

设计案例——牡丹江江南文化公园

● **活动设计**

设计场所：专业教室。

所需工具：铅笔、速写本、相机或手机。

活动实施：完成"相关案例搜集与整理"活动实施表中的内容，如表5-5所示。

表5-5　"相关案例搜集与整理"活动实施表

序号	步骤	操作及说明
1	明确设计意图，查找相关意向图	利用不同的途径查找相关设计意向图，获得设计思路
2	查找相关设计案例	按照设计类型查找相关典型性案例和特色性案例
3	案例分析	分析相关案例，获取设计思路，明确功能要求

职业能力2　公园绿地设计大纲编制

为确保能够在甲方规定的时间内完成工作任务，需要统筹好工作的各个环节，编制公园绿地设计大纲能够很好地辅助统筹工作。详细分析研究委托设计任务书、园址现状、环境条件及建设单位要求后，设计者应根据上述调查研究资料编制设计大纲（建设方案）。设计大纲是进行该公园绿地设计的指示性文件，是确定建设项目和编制设计文件的重要依据。同时，应了解以下内容：

①绿地性质和功能、服务半径及游人容量。

②设计原则和目标。

③园址特征和环境条件分析。

④功能或景色分区以及主要景点、设施的确定。
⑤总体布局的艺术特色和风格要求。
⑥地形山水处理要求。
⑦建设投资估算。
⑧分期建设实施程序。

公园绿地设计大纲如表5-6所示。完成设计大纲编制后，可与建设单位再进行一次商谈，旨在征求宝贵意见，并据此对设计大纲进行修改或完善。

表5-6　　　　　　　　　　　　　　　　　公园绿地设计大纲

公园绿地基址现状分析	园址特征	
	环境条件分析	
公园绿地的预期使用情况	绿地性质	
	功能	
	服务半径	
	游人容量	
公园绿地设计原则和设计目标		
公园绿地总体布局	功能或景色分区	
	主要景点、设施	
	艺术特色和风格	

● 相关知识

一、城市公园的功能

1. 社会文化功能

城市公园的社会文化功能首先体现在休闲游憩功能上。城市公园是城市的起居空间，是城市居民的主要休闲游憩场所。其活动空间、活动设施为城市居民提供了大量户外活动的可能性，承担着满足城市居民休闲游憩活动需要的主要职能，这是城市公园最主要、最直接的功能。其次，城市公园是城市精神文明建设和科研教育的基地。随着全面健身运动的开展和社会文化的进步，城市公园在物质文明建设的同时也日益成为传播精神文明、科学知识和进行科研与宣传教育建设的重要场所。各种社会文化活动，如舞蹈、唱歌、建设、联谊等活动在城市公园中也陆续开展。这不仅起到了锻炼身体的作用，同时陶冶了居民的情操，逐步形成一种独特的大众文化，使得公园在社会主义精神文明建设中的作用越来越突出。

2. 经济功能

城市公园的经济功能首先体现在防灾、减灾上。城市公园中有大面积的开放空间，这些开放空间不仅是居民平时聚集活动的场所，同时，当城市发生地震、火灾时还可以成为城市的防灾避难所。此外，一些面积较大的公园可以成为救援飞机的降落地、救灾物资的集散地、救灾人员的驻扎地和临时医院的所在地。城市公园在灾中的避难和灾后的安置起到了至关重要的作用。尤其像北京、上海这样拥有上千万人口的城市，城市公园的防灾、减灾功能更不容忽视。

其次，城市公园可作为预留城市用地，为建设未来城市公共设施之用。城市公园的兴建，在短期内可为城市居民提供休闲活动场所，在远期范围内，作为城市公共用地的公园又可以作为城市预留土地。

此外，城市公园可以带动地方、社会经济的发展。由于城市人口的增加以及城市环境的恶化，城市公园作为城市中的"绿肺"在带动社会经济发展中的作用越来越明显。城市公园也使得周边地区的工商业、旅游业、房产业等生产、服务性行业得到良好、迅速的发展。

最后，城市公园能够促进城市旅游业的发展。随着社会、经济的发展以及人们物质文化水平的提高，旅游业日益成为现代社会中人们精神生活的一个重要组成部分，城市公园也逐渐成为各大城市都市旅游业所需的旅游资源中重要的部分。一些既有传统古典园林韵味，又有殖民色彩并具有中国特色的现代公园，更为城市吸引了各地的游客。此外，城市公园为旅游者游览的参与性提供了一个动态的活动场所。

3. 环境功能

城市公园的环境功能首先体现在维持城市生态平衡的功能上。生态平衡主要靠绿化来完成。由于城市公园具有大面积绿化，在防止水土流失、净化空气、降低辐射、杀菌、滞尘、防噪声、调节小气候、降温、防风引风、缓解城市热岛效应等方面都具有良好的生态功能。其次，城市公园具有美化城市景观的功能。城市公园是城市中最具自然特性的场所，往往具有水体和大量的绿化，与城市中的硬质景观形成鲜明的对比，使城市景观得以软化。同时，公园也是城市的主要景观所在。因此，其在美化城市景观中具有举足轻重的地位。

4. 其他功能

除社会文化、经济、环境功能外，城市公园在阻隔性质相互冲突的土地使用、降低人口密度、节制过度城市化发展、有机地组织城市空间和人的行为、改善交通、保护文物古迹、增进社会交往、化解人情淡漠、提高市民意识、促进城市的可持续发展等方面都具有不可忽视的功能。

二、城市公园种类

根据公园绿地的性质和功能的不同，通常将城市公园分为综合性公园、纪念性公园、儿童公园、体育公园、植物园、动物园、古典园林、居住区公园、森林公园、主题公园。

三、城市公园景观设计原则

①根据国家、地方的政策与法规，以城市总体规划为基础，进行科学设计，合理分布。

②因地制宜，充分利用自然地形和现有人文条件，有机组合，合理布局。

③充分体现以人为本的思想，为不同年龄的人创造优美、舒适且便于健身、娱乐、交往的公共绿地环境，设置人们喜爱的活动内容。

④充分发掘地方民俗风情，借鉴国内外优秀造园经验，创造出有特色、有品位、具有时代特征的新园林。

⑤正确处理好近期规划与远期规划的关系，考虑园林的健康、持续发展。

四、城市公园位置选择注意事项

进行城市总体规划时，应结合城市河湖系统、道路系统、生活居住用地、商业用地等各项规划综合考虑。城市公园的具体位置应在城市绿地系统规划中确定。

城市公园的选址应注意以下内容：

①公园的服务半径应使居住用地内的居民能够方便使用，并与城市内主要交通干道、公共交通设施有方便的联系。

②符合城市绿地系统规划中确定的性质和规模，尽量充分利用城市的有利地形、河湖水系，并选择不宜于工程建设及农业生产的地段。

③充分发挥城市水系的作用，选择具有水面的地段建设公园，既可保护水体，又可增加公园景色，并满足开展水上运动、公园地面排水、植物浇灌、水景用水的需要。

④选择现有植被丰富和有古树名木的地段。在原有林场、苗圃、丛林等基础上加以规划改造，有利于尽早见效，并可以节约投资。

⑤选择有可利用的名胜古迹、革命遗址、人文历史、园林建筑的地区规划建设公园，既可丰富公园内容，又可保护民族文化遗产。

⑥公园用地应考虑将来发展的可能性，留出适当面积的备用地。对于备用地暂时可考虑作为苗圃、花圃，待建设时再进行改建。

五、影响城市公园设施内容的因素

①公园所在城市居民的习惯爱好。不同的城市、不同的民族都有自己的传统习惯爱好，公园中的相关内容也应随之变化，以适应当地居民的需要。例如，四川人喜欢饮茶，公园中应加大茶室、茶厅的面积；上海、广东人的夜生活内容比较丰富，多傍晚散步、乘凉，因此公园建设时应考虑夜花园或公园夜晚开放需要，公园中装置照明设备，多种植夜间散发芳香的植物；在一些新兴城市，以中、青年居民为多，则公园中应多考虑设置中、青年活动的场地、设施。

②城市园林绿地系统对公园的要求以及公园在城市中的位置。位于城市中心地区的公园，一般游人较多，人流量大，应充分考虑游人的活动要求，设置相关内容；位于城市边缘地区的公园，相对游人量少，则有条件创造安静的休息环境。

③公园附近的城市市政文化设施情况。如果公园附近已有相关文娱、体育、活动设施，公园中注意不要重复设置，或者即使需要设置也应注意与其有所区别。

④公园自身面积的大小。对于景观、景点布置，均有一定的密度要求，如果公园面积较大，则可考虑设置较多的活动内容和景观、景点；反之，如果公园面积较小，则应考虑设置内容应简化。

⑤公园自身的自然条件。我国传统造园中强调"因地制宜，巧于因借"，在造园过程中通常"利用为主，改造为辅"。因此，公园自身的自然条件将直接影响公园的设施内容。例如，公园原地形中有较大面积的水体或有水系穿越，则可考虑设置较多的水景并考虑开展一些水上活动项目。

● **活动设计**

设计场所：专业教室或图书馆。

所需工具：铅笔、速写本、相机或手机。

活动实施：完成"公园绿地设计大纲编制"活动实施表中的内容，如表5-7所示。

表5-7 "公园绿地设计大纲编制"活动实施表

序号	步骤	操作及说明
1	调研结果分析	根据现场勘察结果，分析项目基址有利因素与不利因素，并思考处理不利因素的方法；分析工程所处城市中的位置及主要特征
2	完成公园绿地设计大纲	按照要求完成公园绿地设计大纲

职业能力3　公园绿地设计方案推敲

通过前期的分析及优秀案例剖析，从划分空间以及不同空间类型对人心理上的影响入手，融入方案设计元素，进一步推敲设计方案。

● 相关知识

一、公园出入口确定

（一）出入口类型

1. 主要出入口

主要出入口应设在城市主要交通干道和有公共交通的地方，同时要使出入口有足够的集散人流用地。

2. 次要出入口

次要出入口应设在公园内有大量集中人流集散的设施附近。

3. 专用出入口

专用出入口应设在公园管理区附近或较偏僻不易被人发现的地方。

（二）出入口设施

1. 大门建筑

大门建筑包括售票房、小卖部、休息廊等。

2. 入口前广场

入口前广场面积一般为（30～40）m×（100～200）m，适当设置停车场。

3. 入口后广场

入口后广场面积可小些，设有导游图、游园须知等。

（三）出入口设置原则

①满足城市规划和公园功能分区的具体要求。
②方便游人出入公园。
③便于城市交通的组织与街景的形成。
④便于公园的管理。

（四）出入口设计

1. 欲扬先抑

欲扬先抑式常在入口处设有障景，或者通过空间开合的强烈对比，使游人入园后豁然开朗，如苏州留园入口（图5-1）。

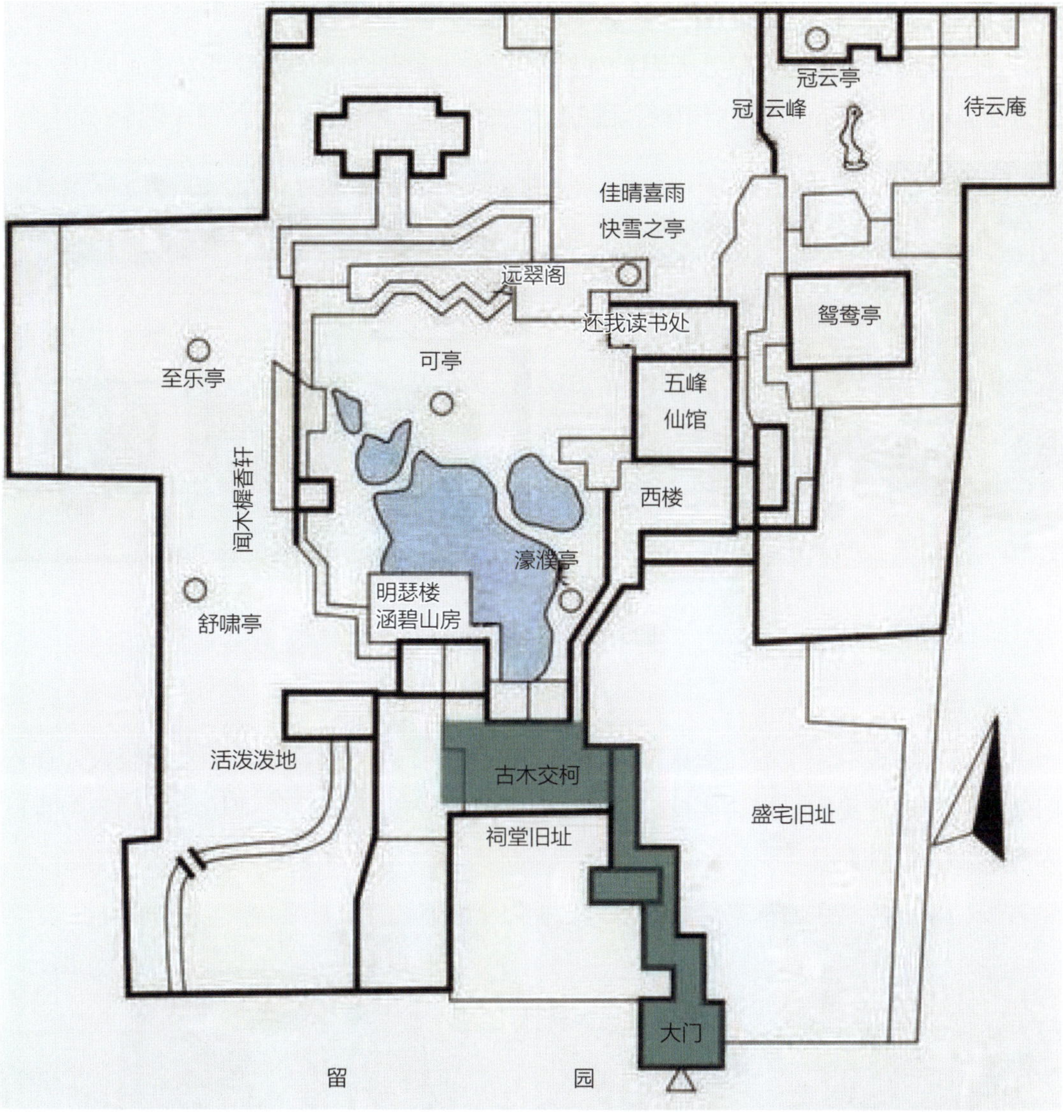

（a）

（b）　　（c）

图5-1 苏州留园入口

2. 开门见山

开门见山式通常在入口处无阻挡视线的物体，非常通透，直接可以看到园内。这种方法通常用于旨在体现庄严肃穆氛围的纪念性园林，如中山公园入口（图5-2）。

（a）　　　　　　　　　　　　　　（b）

图5-2　中山公园入口

3. 外场内院

外场内院式中，"场"指集散场地，"院"指步行内院。由于游人量较大，在入口处有必要设置集散场地，因此以公园大门为分界线，门外为集散场地，门内为步行内院，如图5-3所示。

（a）　　　　　　　　　　　　　　（b）

图5-3　外场内院式公园入口

4. T字形障景

通常在入口处设有山石、景墙、花坛等障景，阻挡游人视线，带动游人好奇心，让游人感受移步换景的景观效果，如图5-4所示。

（a） （b）

图5-4　T字形障景式公园入口

二、功能分区的划分

为了合理组织游人开展各项活动，避免相互干扰，并便于管理，在公园划分出一定的区域，将各种性质相似的活动内容组织在一起，形成具有一定使用功能和特色的区域，即功能分区。

综合性公园的活动内容、分区规划与公园规模有一定联系。综合性公园的规模下限为100000m^2。其功能分区通常有文化娱乐区、观赏游览区、安静休息区、儿童活动区、老年人活动区、体育活动区及园务管理区等。但必须指出，分区规划不是机械的区划，尤其是大型综合性公园中，地形多样复杂，所以分区规划不能绝对化，应因地制宜，有分有合，全面考虑。当公园面积较小、用地较紧张时，明确分区往往会有困难，常将各种不同性质的活动内容进行整体的合理安排，有些项目可以做适当压缩，或将一种活动的规模、设施减少合并到功能性质相近的区域中。

1. 文化娱乐区

文化娱乐区的特点是活动场所多、活动形式多、参与人数多且较喧闹。该区的主要功能是开展文娱活动、进行科学文化普及教育。区内主要设施有俱乐部、展览馆（廊）、音乐厅、露天剧场、游戏广场、技艺表演场及舞池等。

公园中主要建筑一般都设在文化娱乐区，构成全园布局的重点。但为了保持公园的风景特色，建筑物不宜过于集中，各建筑物、活动设施间要保持一定的距离，通过植物、花草、硬质铺装场地、地形及水体等进行隔离。群众性的娱乐项目常常人流量较大、密度大，而且集散时间相对集中，所以要妥善地组织交通，考虑设置足够的道路广场和生活服务设施，在条件允许的情况下接近公园出入口，或在一些大型建筑旁设专用出入口，以快速集散游人。

文化娱乐区的规划应尽量结合利用地形特点，创造出景观优美、环境舒适、投资少、效果好的景点和活动区域。例如，利用缓坡地设置露天剧场、演出舞台；利用下沉地形开辟下沉式广场供技艺表演、游戏及集体活动；利用开阔的水面开展水上活动等。

2. 观赏游览区

观赏游览区的特点是占地面积大、风景优美、游人密度较小，是游人比较喜欢的区域。该区的主要功能是供人们游览、赏景参观。为达到良好的观赏游览效果，要求游人在区内分布的密度较小，以人均游览面积100m²为宜，因此，本区在公园中占地面积较大，是公园的重要组成部分。

该区规划时应尽量选择利用现有环境优美、植被丰富、地形起伏变化、视野开阔或能临水观景之处，观赏路线在平面布置上宜曲不宜直，立面设计上也要有高低变化，以达到步移景异、层次深远、高低错落、引人入胜的动静结合的观赏景点。

3. 安静休息区

安静休息区在公园中占地面积最大，游人密度较小，专供人们休息散步、欣赏自然风景。安静休息区应与喧闹的城市干道和公园内活动量较大、游人较稠密的文化娱乐区、体育活动区及儿童活动区等隔离。由于这一区内大型的公共建筑和公共生活福利设施较少，故可设置在距主要入口较远处，但也必须与其他各区有方便的联系，使游人易于到达。

安静休息区应选择原有树木较多、绿化基础较好的地方。以具有起伏的地形（高地、谷地、平原）、天然或人工的水面（湖泊、水池、河流甚至泉水瀑布等）为佳。具有这些条件则便于创造出理想的自然风景面貌。

安静休息区内也应结合自然风景设置供游览及休息的亭、榭、茶室、阅览室、图书馆、垂钓区域等，并相应布置园椅、座凳。在面积较大的安静休息区中还可配置简单的文娱体育设施，如棋室、网球场、乒乓球台、羽毛球场及其他场地，利用水面开展运动量不大的划船等活动。

安静休息区应是风景优美的地方，点缀在这一区内的建筑，无论从造型上还是配置地点上都应有更高的艺术性，如画龙点睛般使其成为风景构成中不可缺少的一部分。此区由于绿地面积大，植物种类配置的类型丰富，充分利用地形和植物形成不同的风景效果，可以创造出比其他各区更为清新宁静的园林气氛。

4. 儿童活动区

儿童活动区主要供学龄前儿童和学龄儿童开展各种活动。据调查，公园中少年儿童占公园游人量的15%~30%，这个比例的变化与公园在城市中所处位置、周围环境、居住区的状况有直接关系。在居住区附近的公园，儿童的人数比例较大；离居住区较远的公园，儿童的人数比例则相对较小。同时，此比例也与公园内儿童活动内容、设施、服务条件有关。

儿童活动区内，可根据不同年龄的儿童进行分区。主要活动内容和设施包括游戏场、戏水池、运动场、障碍游戏、少年宫、少年阅览室、科技馆等。应按照用地面积的大小确定所设置内容的多少。用地面积大的在内容设置上与儿童公园类似，用地面积较小的只在局部设游戏场。

5. 老年人活动区

随着城市人口老龄化速度的加快，老年人在城市人口中所占比例日益增大。公园中的老年人活动区在公园绿地中使用率较高，在一些大中型城市，很多老年人已养成了早晨在公园中晨练，白天在公园中活动，晚上和家人、朋友在公园散步、谈心的习惯，因此，公园中老年人活动区的设置不容忽视。

大型公园的老年人活动区或专类老年人公园可以进行分区规划。根据老年人的习惯特点，建立活动区、棋艺区、聊天区、园艺区等，同时应注意根据活动内容进行动、静分区。

活动区的功能是为老年人从事体育锻炼提供服务。可以建立一个广场，四周设置体育锻炼器材，使老年人能够进行简单的锻炼。中间为空地，老年人可以举行集体活动，比如晨练、扭秧歌等，有条件的可以配置音响喇叭，为老年人活动时提供音乐。广场外围为绿色植被和道路，同时还应设置休息椅等设施。

棋艺区的功能是为爱好棋艺的老年人提供服务。可设置长廊、亭子等建筑设施供其使用，也可以在公园的浓荫地带直接设置石凳、石桌，石桌上可刻上象棋、跳棋、围棋、军棋等各类棋盘。

聊天区为老年人提供谈天说地、思想交流的场所。可设置茶室、亭子和露天太阳伞等设施。

园艺区的功能是为爱好花鸟鱼虫的老年人提供一显身手的机会。可以设置垂钓区、遛鸟区、果园等。同时，可以聘请有能力的老人，管理公园的绿色植物设施，可谓一举两得。

此外，还可根据不同城市中老年人的不同爱好，设置特色活动区域，如书画区等。

6. 体育活动区

体育活动区是公园内以集中开展体育活动为主的区域，其规模、内容、设施应根据公园及其周围环境的状况而定。如果公园周围已有大型的体育场、体育馆，则公园内就不必开辟体育活动区。

体育活动区常位于公园的一侧，并设置专用出入口，以利于大量观众的迅速疏散。体育活动区的设置，一方面要考虑其为游人提供进行体育活动的场地、设施；另一方面还要考虑其作为公园的一部分，须与整个公园的绿地景观相协调。

随着我国城市发展及居民对体育活动参与度的提升，在城市的综合性公园宜设置体育活动区。该区属于相对较喧闹的功能区域，应与其他各区有相应分隔，以地形、树丛、丛林进行分隔较好。区内可设场地相应较小的篮球场、羽毛球场、网球场、门球场、武术表演场、大众体育区、民族体育场、乒乓球台等，如资金允许，可设室内体育场馆，但一定要注意建筑造型的艺术性。各场地不必同专业体育场一样设专门的看台，可以缓坡草地、台阶等作为观众看台，增加人们与大自然的亲和性。

7. 园务管理区

园务管理区是为公园经营管理需要而设置的专用区域。一般设有办公室，值班室，广播室，水、电、煤、通信等管线工程建筑物和构筑物，维修处，工具间，仓库，堆场杂院，车库，温室，棚架，苗圃，花圃，食堂，浴室，宿舍等。按功能可分为管理办公部分、仓库部分、花圃苗木部分、生活服务部分等。

园务管理区一般设在既便于公园管理，又便于与城市联系的地方。管理区四周应与游人有所隔离，对园内园外均要有专用的出入口。由于园务管理区属于公园内部专用区，规划布局应考虑适当隐蔽，不宜过于突出，以免影响景观视线。除公园内部管理、生产管理外，还应妥善安排对游人的生活、游览、通信、急救等的管理，满足游人饮食、休息、生活、购物、租赁、寄存、摄影等服务需求。因此，在公园的总体规划中，要根据游人活动规律，选择在适当地区安排服务性建筑与设施。在较大的公园中，可设1~2个服务中心点为全园游人服务，服务中心点应设在游人集中、停留时间较长、地点适中的地方。另外，还应根据各功能区中游人活动的要求设置各区的服务点，主要为局部区域的游人服务，如钓鱼活动区可考虑设置租赁渔具、购买鱼饵的服务设施等。

● 活动设计

设计场所：专业教室。

所需工具：A2图纸、画板、针管笔、铅笔、马克笔或彩铅。

活动实施：完成"公园绿地设计方案推敲"活动实施表中的内容，如表5-8所示。

表5-8 "公园绿地设计方案推敲"活动实施表

序号	步骤	操作及说明
1	了解服务人群的功能需求	合理划分空间关系，保证以人为本，对公园进行功能分区划分
2	绘制草图	项目环境认知；深化推敲，确定布局形式、空间大小和主要景点；确定各个景观元素
3	设计元素融入	结合空间景观划分，将设计元素贯穿到空间中，并赋予文化、情感符号

任务三　公园绿地方案详细设计

职业能力　绘制公园绿地总平面图

公园绿地总平面图是表现规划范围内的各种造园因素（如地形、山石、水体、建筑及植物等）布局位置的水平投影图，它是反映公园绿地工程总体设计意图的主要图纸，也是绘制其他图纸及造园施工定位的依据。

● **相关知识**

公园绿地总平面图反映的是设计地段总的设计内容，包括建筑、道路、广场、植物种植、景观设施、地形、水体等各种构景要素的表现。此外，通常在公园绿地总平面图中还配有一小段文字说明和相关的设计指标。

一、公园绿地总平面图设计内容

（1）标题

在公园绿地总平面图中通常在图纸的显要位置列出设计项目及设计图纸的名称。除了起到标示、说明作用之外，标题还应具有一定的装饰性，以增强图面的观赏效果。

（2）图例表

图例表用于说明图中一些自定义的图例对应的含义。

（3）用地周边环境

用地周边环境用于表现设计地段所处的位置，在环境图中标注出设计地段的位置、所处的环境、周边的用地情况、交通道路情况、景观条件等。

（4）设计红线

设计红线用于给出设计用地的范围，用红色粗双点划线标出，即规划红线范围。

（5）建筑和园林小品

在公园绿地总平面图中应标示出建筑物、构筑物及其出入口、围墙的位置，并标注建筑物的编号。在大比例图纸中，对有门窗的建筑可采用通过窗台以上部位的水平剖面图来表示，对没有门窗的建筑采用通过支撑柱部位的水平剖面图来表示。用粗实线画出断面轮廓线，用中实线画出其他可见轮廓线。在小比例图纸中（1∶1000以上），只需用粗实线画出水平投影外轮廓线，建筑小品可不画。

（6）道路、广场

道路中心线位置、主要的出入口位置以及其附属设施停车库（场）的车位位置，应标示广场的位置、范围、名称等。

（7）地形水体

应标示原地形、地貌、设计标高、高程、城市坐标。绘制地形等高线，水体的轮廓线，并填充图案与其他部分区分。水体一般用两条线表示，外面的一条表示水体边界线（即驳岸线），用特粗实线绘制；里面的一条表示水面，用细实线绘制。

（8）植物种植

园林植物由于种类繁多、姿态各异，平面图中无法详细地表达，一般采用图例进行概括地表示。所绘图例应区分出针叶树、阔叶树、常绿树、落叶树、乔木、灌木、绿篱、花卉、草坪、水生植物等，常绿植物在图例中应以间距相等的细斜线表示。标示植物种植点的位置，如果是成片的树丛，可以仅标注出林缘线。绘制植物平面图图例时，应注意曲线过渡自然，图形应形象、概括，树冠的投影应按成龄以后的树冠大小绘制。

（9）山石

山石应采用其水平投影轮廓线概括表示，以粗实线绘出边缘轮廓，以细实线概括绘出皱纹。

（10）园路、广场和铺地

园路用细实线画出路缘，铺装路面也可按设计图案简略示出。

（11）标注定位尺寸或坐标网

设计平面图中定位方式有两种：一种是根据原有景物定位，标注新设计的主要景物与原有景物之间的相对距离；另一种是采用直角坐标网定位，直角坐标网有建筑坐标网和测量坐标网两种标注方式。

（12）其他

图纸中其他说明性的标示和文字，如指北针、风玫瑰图、绘图比例等。

二、地形景观设计

城市公园地形处理，应以公园绿地需要为前提，充分利用原地形、景观，创造出自然和谐的景观骨架。应结合公园外围城市道路规划标高及部分公园分区内容和景点建设要求进行，要以最少的土方量丰富园林地形。

规则式园林的地形设计，主要应用直线和折线，创造不同高程平面的布局。规则式园林中水体主要以长方形、正方形、圆形或椭圆形为主要造型。由于规则式园林直线和折线体系的控制，高出标高平面所构成的平台，又继续了规则平面图案的布置。近年来，欧美国家下沉式广场应用普遍，起到良好的景观作用和使用效果。

自然式园林的地形设计要根据公园用地的地形特点，一般包括原有水面或低洼沼泽地、城市中河网地、地形多变且起伏不平的山林地等形式。无论属于哪种地形，基本手法即"挖湖堆山"法。即使一片平地，也是平地挖湖，将挖出的土方堆成人造山。

公园中地形设计还应与全园的植物种植规划紧密结合。公园中的块状绿地、密林和草坪应在地形设计中结合山地、缓坡创造地形；水面应考虑水生、湿生、沼生植物等不同的生物学特性创造地形。山林坡度应小于33%；草坪坡度不应大于25%。地形设计还应结合各分区规划的要求，如安静休息区、老年人活动区等都要求有一定的山林地、溪流蜿蜒的小水面，或利用山水组合空间造成局部幽静环境。而文化娱乐区，地形不宜过于强烈，以便开展大量游人短期集散活动。儿童活动区不宜选择过于陡峭、险峻地形，以保证儿童活动的安全。公园地形设计中，竖向设计应包括山顶标高，最高水位、常水位、最低水位标高，水底标高，驳岸顶部标高等。为保证公园内游园安全，水体深度一般控制在1.5~1.8m。硬底人工水体近岸2.0m范围内的水深不得大于0.7m，超过者应设护栏。无护栏的园桥、汀步附近2.0m范围内水深不得大于0.5m。

地形设计中的典型应用形式有下沉式广场。该形式主要适用于地形高差变化大的地段，利用底层开展各种演出活动，周围结合地形情况而设计不同形式的台阶，围合而成下沉式露天广场。另外，应用广泛的是公园绿地中的低下沉，即下沉二、三、四级台阶，面积大小随意，形式多变，方形、圆形、流线型、折线型等丰富多彩的共享空间，可供游人聚会、议论、交谈或独坐。即使无人，下沉式广场也不影响景观，交通方便，是提供小型或大型广场演出、聚集的好场所。

地形设计应遵循因地制宜的原则，除了考虑利用地形、地貌造景外，还应充分利用地形为植物生长创造良好的环境。具体设计要点如下：

①地形处理应以公园绿地需要为主要依据，充分利用原有地形、景观，创造出自然和谐的景观骨架。平地应铺设草坪或铺装地，供游人开展娱乐活动；坡地应尽量利用原有山丘改造，与配景山、平地、水景组合，创造出优美的山体景观。例如，上海长风公园铁臂山，它是以挖银锄湖的土方在北岸堆起的土山，主峰高达26m，是全园的制高点，与开阔的水面形成了鲜明的对比。铁臂山周围布置了高低起伏的次峰，其间有幽谷、泉流、洞壑。游人可在不同的方位和距离上看到有变化的山体景观，同时高低起伏的地形也为园林植物营造了良好的生长环境。

②因地制宜，合理安排活动内容和设施。例如，广州越秀公园利用山谷低地建游泳池、体育场、金印青少年游乐场，利用坡地修筑看台，开挖人工湖，在岗顶建五羊雕塑等。

③低水位、池底、驳岸顶部等标高，园路的主要转折点、交叉点、变坡点，主要建筑物的底层、室外地坪，各出入口内外地面、地下工程管线及地下构筑物的埋深。

为了保证公园内游人的安全，水体深度一般控制在1.5~1.8m，硬底人工水体在近岸2m的范围内水深不得超过0.7m，超过者应设护栏。

三、园路设计

从公园的主题定位和规模出发，园路应与规划的地形、水体、植物、建筑、铺装场地及其他设施结合，形成完整的风景构图，走向符合游人的行为规律，方便引导游人到达主要观赏点。根据公园的规模和功能，一般可将园路分为主路、支路和游步道。

1. 主路

主路是指联系各个景区、主要风景点和活动设施的道路。一般路面宽度4~6m，可供机动车通行。

2. 支路

支路是指设在各个景区内部的道路，联系各个景点，对主路起辅助作用。一般路面宽度为2~4m，可供游览自行车通行。

3. 游步道

游步道是指深入山间、水际、林中、花丛，供人们徒步游赏的道路。一般路面宽度为0.9~2m。

无论主路、支路，还是游步道，在平面上宜弯曲变化，立面上宜高低起伏，形成优美的园林曲线，增强景观的多样性。

园路的铺装可根据道路的等级和性质进行区分，一般主路、支路应采取比较平整、耐压力较强的铺装面，如钢筋混凝土、沥青整体路面等，游步道则应选用块料路面，如冰纹石、花岗石、卵石等。

四、园林建筑与小品设计

公园中建筑的作用主要是创造景观、开展文化娱乐活动等，其建筑形式要与所处区域的性质功能相协调，全园的建筑风格也应保持统一。主要建筑物通常会成为全园的主景，设置时要考虑其规模、大小、形式、风格及位置，使其具有绝对中心的地位；次要建筑物是供游人休憩、赏景之用，设计时应与地形、山石、水体、植物等其他造园要素统一协调，形式风格上主要以通透、实用、造景为主，起突出主景和园中点景之用；管理和附属建筑则是园内必不可少的设施，在体量上应以够用为宜，形式风格上则以简洁为宜。

1. 设计原则

建筑设计应结合基址的地形、地貌及周边环境，在其基址上做风景视线分析，"俗泽屏之，佳则收之"。

2. 建筑风格

建筑风格的确定既要有浓郁的地方特色，又要与公园的性质、规模、功能相适应。古典园林的修复、改建应以古为主，尽可能地表现出原有的风貌；新建公园应尽可能选用新材料，采用新工艺，创造新形式。

3. 常用建筑类型

我国古典园林主要采用亭、廊、楼、阁、榭、舫、厅、馆、塔、牌坊等建筑体，而现代园林多用花架、结构亭、柱、景墙、景灯、园椅（凳）等建筑小品或设施。设计中，各类建筑及小品的风格应紧扣主题，大体保持一致。

4. 设计要点

公园中建筑形式应与其性质、功能相协调，全园的建筑风格应保持统一。公园的建筑功能是开展文化娱乐活动，创造景观，防风避雨，甚至体现主题。景观建筑设计应讲究尽善尽美，在使用功能、造型、材质及色彩的运用和处理上，更加符合人体工程学且具备较好的视觉效果，因此，设计者必须了解建筑的实质特征（大小、体量、材料等）、美学特征（造型、色感、质感等）及功能特征，使其在应用中确实发挥其功效，丰富环境语义。而管理和服务性建筑在体量上应尽量小，位置要隐蔽，利于创造景观。此外，还应考虑残疾人及老年人、儿童的特殊设备、设施的设计，充分体现以人为本的设计思想。

五、园林植物配置

全园的植物组群类型及配置，应根据当地的气候状况、园外的环境特征、园内的立地条件，结合景观构思、防护功能要求和当地居民游赏习惯确定，应做到充分绿化和满足多种游憩及审美的要求。

城市公园的植物种植设计应注意以下内容。

1. 全面规划，重点突出，远期和近期相结合

公园的植物配置规划，必须从公园的功能要求出发进行考虑，结合植物造景要求、游人活动要求、全园景观布局要求进行布置安排。公园用地内的原有树木，应因地制宜，尽量利用，利用其尽快形成整个公园的绿地植物骨架。在重要地区，如主要入口、主要景观建筑附近、重点景观区，主干道的行道树宜选用移植大苗进行植物配置；其他地区则可用合格的出圃小苗。快生与慢长的植物品种相结合种植，以尽快形成绿色景观效果。

规划中应注意近期植物适当密植，待树木长大长高后可以移植或疏伐。

2. 突出公园的植物特色

应注重植物品种搭配，每个公园在植物配置上应有自己的特色，应突出某一种或

几种植物景观，形成公园的绿地植物特色。例如，杭州西湖的孤山公园以梅花为主景，曲院风荷以荷花为主景，西山公园以茶花玉兰为主景，花港观鱼以牡丹为主景，柳浪闻莺以垂柳为主景……各个公园绿地植物形成了各自的特色，成为公园自身的代表。

全园的常绿树与阔叶树应有一定的比例，一般在华北地区常绿树占30%～40%，落叶树占60%～70%；华中地区常绿树占50%～60%，落叶树占40%～50%；华南地区常绿树占70%～80%，落叶树占20%～30%。应确保四季景观各异，保证四季常青。

3. 植物基调及各景区的主配调规划

在树种选择上，应该有一个或两个树种作为全园的基调，分布于整个公园中，在数量和分布范围上占据优势；全园还应视不同的景区突出不同的主调树种，形成不同景区的不同植物主题，使各景区在植物配置上各有特色而不相雷同。

公园中各景区植物除了有主调以外，还应有配调，以起到烘云托月、相得益彰的陪衬作用。全园的植物布局应各景区各有特色，但相互之间又要统一协调，因而需要有基调树种。基调树种贯通全园，能够达到多样统一的效果。例如，北京颐和园以油松、侧柏作为基调树种遍布全园，但在每一个景区中都有其主调树种。后山后湖区以油松作为基调，夏天以海棠，秋天以平基槭、山楂作为主调，并结合丁香、连翘、山桃、桧柏等少量的树种作为配调，使整个后山后湖区四季常青、季相景观变化更替。

4. 充分满足使用功能要求

根据人们对公园绿地游览观赏的要求，除了用建筑材料铺装的道路和广场外，整个公园应全部由绿色植物覆盖。地被植物一般选用多年生花卉和草坪，某些坡地可以用匍匐性小灌木或藤本植物。目前，草坪的研究已经达到较高的科技水平，其抗性、绿期也大大提高。因此，将公园中一切可以绿化的地方都和草坪结合是可以实现的。

从改善小气候方面考虑，冬季有寒风侵袭的地方应考虑防风林带的种植，主要建筑物和活动广场在进行植物景观配置时也应考虑创造良好小气候的要求。

全园中的主要道路应利用树冠开展的、树形较美的乔木作为行道树，从而形成优美的纵深绿色植物空间，同时也起到遮阳的作用。

在文化娱乐区、儿童活动区，为创造热烈的气氛，可选用红、橙、黄等暖色调植物花卉；在休息区或纪念区，为了保证自然肃穆的气氛，可选用绿、紫、蓝等冷色调植物花卉。公园近景环境绿化可选用强烈对比色，以求醒目；远景绿化可选用简洁的色彩，以求概括。在公园游览休息区，应形成一年四季季相动态构图，春季观花、夏季浓荫、秋季观红叶、冬季有绿色丛林，以利游览欣赏。

为了夏季能在林荫下划船，公园中应开辟有庇荫的河流，河流宽度不得超过20m。岸上种植高大的乔木，如垂柳、毛白杨、丝棉木、水杉等喜水湿树种，夏季水面上林荫成片，可开展划船、戏水活动。例如，北京颐和园的后溪河每到夏天便吸引了众多的游人在此划船。在游憩亭榭、茶室、餐厅、阅览室、展览馆的建筑物西侧，应配置高大的庇荫乔木，以抵挡夏季西晒。

5. 四季景观和专类园设计

四季景观是植物造景的突出点，"借景所藉，切要四时"，春、夏、秋、冬四季植物景观的创作较易营造出效果。植物在四季的表现不同，游人可尽赏其各种风采，春观花、夏纳荫、秋观叶品果、冬赏干观枝。因地制宜地结合地形、建筑、空间变化，将四季植物搭配在一起，便可形成特色植物景观。

以不同植物种类组成专类园，在公园的总体规划中是不可缺少的内容，尤其是那些枝繁叶茂、花色绚丽的专类花园，更是游人乐于游赏的地方。在北京园林中，常见的专类园有牡丹园、月季园、丁香园、蔷薇园、槭树园、菊园、竹园、宿根花卉园等。上海、江浙一带常见的专类园有杜鹃园、桂花园、梅园、木兰园、山茶园、海棠园、兰园等。在气候炎热的南方地区夜生活比较活跃，通常选择带香味植物开辟夜香花园。此外，利用植物不同的花色、叶色组成各种色彩不同的专类花园，如红花园、白花园、黄花园、紫花园等，也日益受到人们的青睐。

6. 植物的生态条件

应创造适宜的植物生长环境。按生态环境条件，植物可分为陆生、水生、沼生、耐寒、喜高温及喜光、耐阴、耐水湿、耐干旱、耐瘠薄等类型，选择合适的植物使之在不同的环境条件下种植达到良好的生长状态尤为必要。喜光植物如梅、松、木棉、杨、柳等；耐阴植物如罗汉松、山楂、棣棠、珍珠梅、杜鹃等；喜水湿的植物如柳、水杉、水松、丝棉木等；耐瘠薄的植物如沙枣、柽柳、胡杨等。不同的生态环境下选用不同的植物品种则易形成该区域的特色。

六、水景设计

公园内的水体往往是城市水系中的一部分，有蓄洪、排涝、清洁、改良气候等作用。公园中的大水面可开展划船、游泳、滑冰等水上运动，还可养鱼、种植水生植物，创造明净、爽朗、秀丽的景观，供游人观赏。

1. 水体处理

首先，应因地制宜地选好位置，"高方欲就高台，低凹可开池沼"是历代造园家常用的手法。其次，应有明确的来源和去脉，池底应透水，大水面应辽阔、开朗，以利于开展群众活动；可分隔，但分隔处不可居中；四周要有山和平地，形成山水风景。小水面应迂回曲折，引人入胜，有收有放，层次丰富，增强趣味性。水体应与环境配合，创造出山谷、溪流；与建筑结合，形成园中园、水中水等层次丰富的景观。

2. 驳岸设计

水体驳岸多以常水位为依据，岸顶距离常水位差不宜过大，应兼顾景观、安全及游人亲水心理。从功能需要出发，定竖向起伏。如划船码头宜平直，游览观赏宜曲折、蜿蜒、临水。还应防止水流冲刷驳岸工程设施。水深应根据原地形和功能要求而定，无栏杆的人工水池、河湖近岸的水深应在0.5～1m，汀步附近的水深应在0.3～0.6m，以保证当地最高水位时公园设施不受水淹。水池的进水口、排水口、溢水口及附近河湖间闸门的标高，应保证适宜的水面高度，以利于泄洪和清塘。按公园的水量、水位、流向，水闸或水井、泵房的位置，各类水体的形状和使用要求，游船水面应按船的类型提出水深要求和码头位置。游泳水面应划定不同水深范围。

3. 河湖水系设计

应根据水源和地形等条件，确定园中水系观赏水面各种水生植物的种植范围和不同的水深要求。公园内的河湖最高水位，必须保证重要的建筑物、构筑物和动物笼舍不被水淹。

● **教学案例**

公园设计平面图

● **活动设计**

设计场所：专业教室。

所需工具：A2图纸、画板、针管笔、铅笔、马克笔或彩铅。

活动实施：完成"绘制公园绿地总平面图"活动实施表，如表5－9所示。

表5－9 "绘制公园绿地总平面图"活动实施表

序号	步骤	操作及说明
1	确定公园绿地布局形式和面积	确定公园绿地的布局形式；绘制公园边界线和主要道路
2	确定构成要素的位置和大小	建筑物或构筑物的位置和形状；水体的线性设计；植物种植设计
3	上墨线和色彩表现	给平面图上墨线；选择合适的色彩表现方式

任务四　编制设计说明书

职业能力　搜集整理行业标准和国家规范并编制设计说明书

进行公园绿地设计时，为了更全面、系统且准确地表达设计者的设计构思，各阶段布置内容的设计意图、经济技术指标、工程安排以及设计图上难以表达清楚的内容等，必须用图表及文字的形式进行描述、说明，使公园绿地规划设计的内容更加完善。

● 相关知识

公园绿地设计说明书主要是为了说明规划设计意图，主要包括以下内容：
①位置、范围、面积、现状、设计依据。
②工程性质、设计原则。
③功能分区或景区、景点构思。
④构成要素规划（出入口、地形山水、道路广场、园林小品、建筑布局、种植规划、管线、电气规划等）。
⑤面积比例（用地平衡表）。
⑥管理机构和人员编制。
⑦分期建园计划。
⑧其他。

上述所列内容比较齐全，具体应用时，不同规模、性质和要求的园林工程中的公园绿地设计，所需的内容也不尽相同。目前，一些较为简单的公园绿地设计，可能只需要一张总体规划方案图及简要说明。具体出图项目和说明内容，应根据需要而定。

● 活动设计

设计场所：专业教室。
所需工具：设计图。
活动实施：完成"搜集整理行业标准和国家规范并编制设计说明书"活动实施表，如表5-10所示。

表5-10　"搜集整理行业标准和国家规范并编制设计说明书"活动实施表

序号	步骤	操作及说明
1	项目背景	公园绿地所在地的地理位置、历史文化背景、当前状况以及周边环境等

续表

序号	步骤	操作及说明
2	设计理念与目标	设计理念应体现对人与自然和谐共生的追求，以及对地方特色的尊重和传承；设计目标应具体明确，如提升市民的生活质量、促进生态保护、传承历史文化等
3	公园总体规划	公园的整体布局、空间结构、交通流线等。在规划过程中，应充分考虑公园的可达性、便利性以及景观的视觉效果
4	功能区域划分	应满足市民的多元化需求，如休闲区、娱乐区、运动区、儿童游乐区等。每个功能区域的设计都应与其功能相匹配，确保使用的舒适性和便利性
5	景观设计与特色	地形处理、水体设计、景观小品、雕塑等。通过精心设计的景观，可以营造出独特的公园氛围，提升市民的游览体验
6	绿化植被规划	需要详细规划绿化植被的种植种类、布局和养护方式等。通过科学的绿化植被规划，可以营造出丰富的植物景观，提升公园的生态价值
7	施工与管理要求	需要明确提出施工过程中的质量控制、进度安排以及后期的维护管理要求。这些要求应涵盖施工安全、环境保护、维护保养等方面，确保公园的顺利建设和持续运营
8	安全与环保措施	应详细阐述公园的安全管理制度、应急预案以及环保措施等。这些措施旨在保障市民的人身安全和环境质量，提升公园的整体品质和社会责任感

评价反馈

（1）组间展示工作成果，学生讨论，教师检查工作成果。

（2）教师与学生一起评价工作成果。

（3）教师总结方案设计中出现的问题，并给出解决意见。师生共同总结重要知识点。

（4）完成图纸检查表、工作任务检查表、考核标准及考核成绩表，分别如表5-11至表5-14所示。

表5-11　图纸检查表

序号	项目与技术要求	分值	检查标准	实测记录	备注
1	立意构思	20分	能够结合周围环境特点，进行设计的立意构思，并能做到设计新颖、巧妙		

续表

序号	项目与技术要求	分值	检查标准	实测记录	备注
2	树种选择	20分	能够根据公园绿化的环境特点，在保证安全性和景观性的前提下，合理地进行树种选择		
3	方案的可实施性	20分	公园绿地方案设计能够满足不同使用者的视觉要求和使用要求		
4	方案的景观性	20分	公园绿地绿化设计富有时代气息，景观效果好		
5	设计图表现	20分	设计图样能够准确表达设计构思，符合制图规范，图面整洁		

表5-12 工作任务检查表

序号	评价项目	工作任务完成情况	签名
1	图纸、文本文件完成情况		
2	独立完成的任务		
3	小组合作完成的任务		
4	教师指导下完成的任务		

表5-13 考核标准

序号	考核项目	分值	考核标准	得分	备注
1	学习态度与参与程度	10分	组员均能积极参与学习活动，献计献策，发表意见		
2	学习作品质量	35分	设计方案能够满足设计要求，符合设计规范，图纸质量好，植物图例表现准确，比例合理，设计说明书阐述清晰明了		
3	作品展示、交流	5分	认真向其他组学习，讲解本组设计意图		
4	表达能力	5分	口语表述清楚、流利，言简意赅		
5	答辩能力	5分	准确解答提问者的问题，态度诚恳		

续表

序号	考核项目	分值	考核标准	得分	备注
6	资料搜集、统计、分析能力	5分	资料翔实、有用，统计准确，分析明了		
7	小组合作	5分	以小组集体利益为先，能够尊重他人意见，成员关系和谐		
8	工作程序	5分	简明有效		
9	学习、工作的独立性	10分	本小组独立设计工作方案，完成立地类型表的编制，独立解决遇到的问题		
10	外语能力	5分	准确使用相关英语术语		
11	环境意识	5分	保持教室卫生，不得大声喧哗		
12	遵守纪律	5分	按时上下课，自觉维护课堂秩序		
	合计	100分			

表5-14 考核成绩表

序号	考核项目		分值	学生自评（20%）	学生互评（20%）	教师评价（60%）	总分	备注
1	课内综合项目考核（70分）	学习态度与参与程度	10分					
		学习作品质量	35分					
		作品展示、交流	5分					
		表达能力	5分					
		答辩能力	5分					
		资料搜集、统计、分析能力	5分					
		小组合作	5分					
2	素质目标成绩评定标准（30分）	工作程序	5分					
		学习、工作的独立性	10分					
		外语能力	5分					
		环境意识	5分					
		遵守纪律	5分					
	合计		100分					

参考文献

[1] 彭一刚. 中国古典园林分析[M]. 北京：中国建筑工业出版社，1986.

[2] 王向荣，林箐. 西方现代景观设计的理论与实践[M]. 北京：中国建筑工业出版社，2002.

[3] 巴里·W·斯塔克，约翰·O·西蒙兹. 景观设计学：场地规划与设计手册[M]. 朱强，俞孔坚，郭兰，黄丽玲，译. 5版. 北京：中国建筑工业出版，2014.

[4] 苏雪痕. 植物造景[M]. 北京：中国林业出版社，1994.

[5] 刘朝晖，李丽. 园林景观设计手绘图技法与表达[M]. 2版. 北京：机械工业出版社，2017.

[6] 胡长龙. 园林规划设计[M]. 3版. 北京：中国农业出版社，2017.

[7] 石宏义，刘毅娟. 园林设计初步[M]. 2版. 北京：中国林业出版社，2016.

[8] 王晓俊. 园林艺术原理[M]. 2版. 北京：中国农业出版社，2023.

[9] 傅伯杰，陈利顶，马克明，等. 景观生态学原理及应用[M]. 2版. 北京：科学出版社，2011.

[10] 袁明霞，丁琼. 园林规划设计[M]. 北京：中国林业出版社，2022.